PHYSIK

ganz leicht

Friedrich Holst

PHYSIK
ganz leicht

impian

Genehmigte Lizenzausgabe für Impian GmbH, Hamburg, 2018

Lektorat: Katja Schrey
Umschlaggestaltung: Nele Schütz Design
unter Verwendung von shutterstock/EKS design, Sashatiger, Macrovector, Undrey, balabolka, anna42f
Herstellung: Mona Heylmann
Satz: DREI-SATZ, Husby
Druck: CPI books GmbH, Leck
printed in Germany

ISBN 978-3-96269-029-8

www.impian.de

Inhalt

Vorwort

»Physik ist Mathematik, Physik ist nur was für Jungen und Physik, das ist mir viel zu kompliziert.« Das sagen vielleicht sogar deine Eltern, weil sie das Fach Physik so in der Schule kennen gelernt haben. Das ist aber alles Quatsch.

Blitz und Donner bei einem Gewitter, der anschließend zu beobachtende Regenbogen, die gerötete Haut nach einem ausgiebigen Sonnenbad, Sonnen- und Mondfinsternis, eine unübersehbare Fülle von *Naturerscheinungen*, die uns umgibt, läuft nicht regellos ab, sondern wird durch *Naturgesetze* beschrieben. Die Erforschung dieser Naturgesetze hat die Physiker in den letzten 300 Jahren immer weiter in die größten und die kleinsten Bereiche der Natur geführt. Die Kenntnis der Naturgesetze hat es der Menschheit zunächst ermöglicht, die *Naturerscheinungen zu verstehen* und sie nicht als das Wirken unbegreiflicher Gewalten zu sehen. Später führte das Verständnis der Naturgesetze zur *technischen Beherrschung* vieler Naturvorgänge (selbst gemachte Blitze lassen sich in Museen betrachten, Bräunungslampen wurden entwickelt, Weltraumfahrten wie die Mondlandung wurden durchgeführt und weitere Ausflüge zu erreichbaren Planeten sind geplant).

Die Physik befasst sich mit der Erforschung der Naturgesetze und der Beschreibung der Naturerscheinungen mit Hilfe dieser Gesetze.

Die Physik liefert damit die Grundlage für alle anderen Naturwissenschaften. So bauen auf ihren Ergebnissen unter anderem die Chemie, die Geologie, die Astronomie, die Biologie und die Medizin auf. Was glaubst du, warum beginnt die Ausbildung in jedem dieser Wissenszweige mit einem ausführlichen Physikkurs?

> Die Physik bildet die Grundlage für alle Naturwissenschaften und deren Anwendungen.

Ganz ohne Physikkurs, aber durch Beobachtung seiner Umwelt, gelang Jim Knopf eine technische Glanzleistung. Lucas der Lokomotivführer in der Geschichte »Jim Knopf und die Wilde 13« von Michael Ende baute eine Lokomotive in eine Maschine um, die, einmal in Gang gesetzt, ganz von selbst weiterlaufen konnte.

Solche Maschinen werden Perpetuum mobile genannt und du als geschulter Physiker (nachdem du dich in diesem Buch mit Physik vertraut gemacht hast) wirst über solche Menschen lachen, die versuchen, Maschinen zu bauen, die ohne »Brennstoff« funktionieren.

Bevor du als Physiker entscheidest, ob etwas »geht oder nicht«, untersuchst du die Natur und versuchst, die beobachteten Zusammenhänge zu klären.

Mit einer Lupe kannst du die Dicke eines Haares bestimmen, das Bild der Sonne auf ein weißes Blatt Papier brennen und die Buchstaben eines Zeitungsartikels Kopf stehen lassen. Betrachtest du nacheinander mehrere Male mit einem Fernglas den Vollmond, so stellst du fest, dass er uns immer das gleiche Gesicht zeigt.

Diese Untersuchungen im Kleinen wie im Großen sind Hauptaufgabe physikalischer Forschung. Physikalische Forschung wie die lebensrettende Crashfestigkeit von Fahrzeugen heißt für dich Experimente durchführen und dann dem gestellten Problem »zu Leibe rücken«.

Wie ein Physiker dem Problem zu Leibe rückt, stellte schon René Descartes (1596–1650), Philosoph und Mathematiker, in drei Regeln auf.

1. Regel

Hüte dich vor jeder Übereilung und vorgefassten Meinung und halte nur das für wahr, was man wirklich eingesehen hat.

2. Regel

Zerlege jedes Problem in einzelne Teilprobleme, damit die Lösung dadurch erleichtert wird.

3. Regel

Beginne immer beim Einfachsten, welches leicht einzusehen ist, und gehe schrittweise zu Komplizierterem vor.

Was heißt eigentlich Physik?

Die griechischen Philosophen (Freunde der Weisheit) beobachteten die unbelebte Natur im Kleinen (wie sind die Dinge um uns herum aufgebaut) und im Großen (was hält die Planeten, die Sterne und unser Universum zusammen). Sie suchten nach Kräften für diesen Zusammenhalt. So heißt dann auch in der griechischen Sprache »physis« Kraft.

Es besteht heute guter Grund zu der Annahme, dass die Naturgesetze überall im Universum gelten und sich auch im Laufe der Zeit nicht ändern werden.

Die ersten Anfänge der Physik gehen bis in das Altertum zurück. Im Laufe der Jahrhunderte entstehen dann die Teilgebiete der Physik, wie

- Mechanik
- Wärmelehre
- Optik
- Elektrizität
- Magnetismus
- Astronomie
- Atomphysik
- Relativitätstheorie

Die Physik des 20. Jahrhunderts wird durch zwei Entwicklungsrichtungen gekennzeichnet. Die erste Entwicklungsrichtung betrifft die Erforschung des Aufbaus der Materie. Die Anwendung neuer Erkenntnisse bleibt nicht ohne Folgen für die Menschheit; die Atombombe wird entwickelt und zum Schrecken aller eingesetzt, neue Werkstoffe werden für friedliche und militärische Einsätze entwickelt und führen zu einer ganz neuen Art von Technologie, der Nanotechnologie. Die zweite Entwicklungsrichtung betrifft die Erforschung der Sterne und des Weltalls.

Diese stürmische Entwicklung der Naturwissenschaften in den letzten Jahrzehnten ist nicht ohne Gefahr, wie die Probleme der *Umweltverschmutzung* und der *Rohstoff-* und *Energieverknappung* zeigen. Die Lösung dieser Probleme erwartet man heute größtenteils von den Naturwissenschaften und der Technik. Weil wir alle auf dem »Raumschiff Erde« leben und von seinem Schicksal abhängen, besteht eigentlich für jeden die Notwendigkeit, sich mit Möglichkeiten und Grenzen der Naturwissenschaften zu befassen.

> Die Naturwissenschaft und die Technik beeinflussen das Geschick der Menschen wie nie zuvor.

Ich möchte dich in diesem Buch mitnehmen auf eine Reise durch die Physik, damit du abschließend hoffentlich den Eindruck gewinnst:

> Physik ist nicht Mathematik, Physik ist nicht kompliziert und Physik ist für jedermann.

Was bietet dir dieses Buch?

Alle Teilgebiete der Physik wirst du in den einzelnen Kapiteln nicht kennen lernen (so ein Buch wäre dann ein richtiger Schinken); dafür aber *wie*

- Physiker arbeiteten
- Physiker sich untereinander verständigen
- Physiker »rechnen«
- Physiker sich »Bilder« von der Natur machen
- die Geschichte der Menschen die Physik veränderte

Einleitung

Wie arbeitest du mit diesem Buch?

Dieses Buch ist ein Informations- und Arbeitsbuch zugleich. Viele Themen habe ich geschlossen dargestellt, sodass du einzelne Kapitel überspringen kannst. Blätterst du einfach nur so in dem Buch, findest du einige immer wiederkehrende Symbole, die ich dir hier näher erläutern möchte:

Hier findest du am Anfang eines Kapitels Informationen, die dich auf das folgende Thema neugierig machen sollen. Vielleicht hast du etwas Ähnliches gerade auch in der Zeitung, der Tagesschau oder im Internet gefunden.

Wenn der Hund Buffi inmitten eines Kapitel auftaucht, werden dir hier Zusammenhänge erklärt sowie neue Begriffe und Arbeitsweisen erläutert. Wenn es mal wieder schnell gehen soll, kannst du genau hier das Wichtigste und Wesentliche nachlesen.

Experimente spielen in der Physik eine wichtige Rolle. Die Versuchsanleitung zu vielen einfachen spannenden Freihandversuchen findest du in dieser Box.

Physiker messen, aber wie? In dieser Box erfährst du, wie Messgrößen festgelegt und verglichen werden. Von der Messgröße zu einer Formel ist es dann nur noch ein kleiner Schritt. Keine Angst! Merksätze, Tabellen und Grafiken sollen dich in der Ausbildung zum Physiker an dieser Stelle unterstützen.

Ich zeige dir, wie man ein physikalisches Problem löst oder eine Formel herleitet. Schau dir den Lösungsweg genau an, denn dann bist du auf Fragen und Aufgaben zum Kapitel gut vorbereitet.

Fragen und Aufgaben

Vielleicht möchtest du auf der nächsten Geburtstagsfete oder sogar im Physikunterricht die eine oder andere Knobelaufgabe stellen und dann selbst lösen? Hier findest du genug »Stoff« am Ende eines Kapitels. Die Lösungen dazu findest du am Ende des Buches.

Was brauchst du für dieses Buch?

In vielen Fällen brauchst du **Experimentiermaterial** (also die Sachen für den Versuch). Welche Sachen im Einzelnen gebraucht werden, kannst du aus der **Box mit der Glühbirne** entnehmen. In der Regel handelt es hier um Haushaltsgegenstände, wie Glasflaschen, Becher, Korken, Wasser und so weiter.

Bleistift, Lineal und ein **karierter Block** zum Schreiben sowie auch ein **Taschenrechner** können nicht schaden. Oft brauchst du einen **Partner** (manchmal ist sogar ein Erwachsener nötig) für die Experimente, aber im Team macht es überhaupt mehr Spaß zu arbeiten.

Physiker hinterlassen Spuren (denke nur an die Namen berühmter Forscher wie Albert Einstein oder Leonardo da Vinci). Begib dich nun auf die Spurensuche!

Bist du bereit?

Abb.: So denkt Einstein.

1 Mit zweierlei Maß gemessen

Als im 17. und 18. Jahrhundert noch jeder Landesfürst sein Recht auf Münz- und Maßfreiheit wahrnahm, gab es nahezu 132 verschiedene Ellenmaße (die Elle bezeichnet den Abstand zwischen der Spitze des Zeigefingers und dem Ellenbogen eines Armes). Kaufte nun jemand Stoff, so wurde in einer Handelsstadt mit einem hölzernen Stab, der Leinwand-Elle (63 cm) abgemessen. Fühlte sich ein Händler unbeobachtet, griff er schon mal unauffällig zu der kürzeren Handels-Elle (58 cm) und maß damit weiter. Er hatte mit zweierlei Maß gemessen.

Glaubst du, dass so etwas heute passieren kann? Zentimetermaßstäbe, Uhren und Waagen sind immer geeicht (TÜV-geprüft und verlässlich). Der Weg zu einer einheitlichen Messung war ein langer Weg .

In diesem Kapitel möchte dich mitnehmen auf diesen Weg über

- menschgemachte Messgrößen
- Reaktionszeiten
- Absprachen in der Physik
- erste Formeln

Was ist eigentlich eine Sekunde?

Wie schnell ein Mensch reagiert, kann über Leben und Tod entscheiden. Mit dem folgenden Versuch kannst du ohne großen technischen Aufwand die Reaktionszeit messen.

Versuch 1

Die jeweilige Testperson (dein Großvater oder Bruder oder ...) soll ein nach unten fallendes Lineal möglichst schnell auffangen. Dazu hältst du als der Tester (linke Hand) ein Lineal zwischen Daumen und Zeigefinger deiner Versuchsperson (rechte Hand). Lenke die Versuchsperson etwas ab und lasse das Lineal fallen.

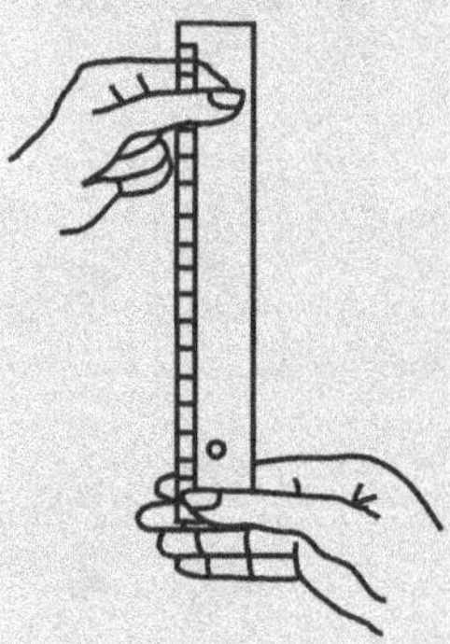

Abb. 1.1: Ermittlung der Reaktionszeit

Je schneller die Testperson zugreift, desto geringer ist die Falltiefe des Lineals und desto kürzer ist die Reaktionszeit.

Versuch 2

Wiederhole diesen Versuch mit einer Spielkarte aus einem Skatblatt.

Versuch 3

Fühle deinen Puls am Handgelenk (lege dazu den Zeige- und Mittelfinger der linken Hand gleichzeitig auf die Innenseite des rechten Unterarms direkt unterhalb des Handgelenkes). Wenn das nicht gleich klappt, bitte doch einen Erwachsenen um Hilfe.

Deine *Messungen* liefern vielleicht 11 cm Fallstrecke des Lineals, das in der Regel ein guter Wert für eine Reaktionszeit ist.

Ein Physiker ist bei seiner Arbeit auf Messungen angewiesen. Zu jeder Messung benötigt er eine Messgröße, eine Maßeinheit und ein Messgerät.

Was denkst du, wird Zeit in Zentimeter angegeben? Welche Messgeräte sich für die Zeit- und Längenmessung eignen und in welcher Maßeinheit diese Größen heute nach internationalen Vereinbarungen ermittelt werden, erfährst du auf einer Reise durch die Geschichte der *Maßbänder*, die von Menschen entdeckt und festgelegt wurden.

Menschliche Maße

Eine Sekunde entspricht etwa der Dauer eines Herzschlages als auch dem Zeitbedarf eines menschlichen Schrittes beim normalen Gehen. Der Schiedsrichter in einem Fußballspiel schreitet bei einem Freistoß die neun Meter mit weiten Schritten ab, seine Schrittweite beträgt etwa ein Meter. Ebenso wie das Meter und die Sekunde scheint auch das Kilogramm eine menschliche Größe zu sein.

Wir nehmen täglich ungefähr ein Kilogramm feste und ein Kilogramm flüssige Nahrung zu uns und müssen diese Massen auch täglich wieder abgeben. Vielleicht sind unsere Armmuskeln deshalb vorsorglich mit einer Muskelkraft ausgestattet, die es uns erlaubt, ein Kilogramm Zucker oder Mehl mühelos zu heben.

Nun kannst du dir vorstellen, dass der Puls ebenso wie die Schrittweite von Menschen unterschiedlich sein können, ganz zu schweigen von der Menge, die wir täglich so »verputzen«.

Die Zeitmessung

Zeiten werden mit Uhren gemessen. Diese zählen Vorgänge, die sich regelmäßig wiederholen, wie Schwingungen von Pendeln oder Quarzen.

Für die Zeiteinheiten werden noch heute Bezeichnungen von Vorgängen benutzt, die schon im Altertum verwendet wurden: Mond und Sonne bestimmen den ständig wiederkehrenden Tageslauf, die Mondphasen und den Jahreslauf.

Es gelten heute die Beziehungen:

1 d (Tag) = 24 h (Stunden) = 1440 min (Minuten) = 86400 s (Sekunden)

Die Maßeinheit für die Zeit ist die Sekunde. Lege ich die Bewegung der Erde um die Sonne zugrunde, dann wird die Sekunde wie folgt festgelegt.

1 Sekunde (1 s) ist der 86400ste Teil eines mittleren Sonnentages.

Bei Abschluss von Kaufverträgen, die an einen Termin gebunden sind, gilt diese Festlegung immer noch, denn Kaufleute haben eine etwas andere Zeitrechnung.

Das Wirtschaftsjahr besitzt 360 Tage mit 12 Monaten, wobei jeder Monat mit gleich vielen Tagen (nämlich 30) berücksichtigt wird. 24 Stunden machen einen Tag aus, 60 Minuten eine Stunde und 60 Sekunden eine Minute. Wir rechnen:

Ein Jahr: $1a = 60 \cdot 60 \cdot 24 \cdot 30 \cdot 12s = 86400s$.

Das Formelsymbol (auch Größensymbol) für den Zeitraum ein Jahr ist: 1 a (lat. Anno).

Heutzutage ermittelt man Zeiten (eben auch Reaktionszeiten) mit elektronischen Präzisionsuhren, deren Anzeigewerte von Menschen und Witterung unabhängig sind.

Abb. 1.2: Anzeige eines digitalen Weckers

Eine einfache Form von Uhren, die Sonnenuhr, war bereits vor 6000 Jahren in Gebrauch. Man steckte einen Stab (Gnomon) in den Boden und las die Zeit aus der Lage des Schattens ab. Wenn der Schatten eines Stabes oder Säule (Obelisk) am kürzesten war, so war es Mittag. Die Römer teilten die Zeit zwischen zwei Sonnenhöchstständen in 24 Stunden auf.

Atomuhren gehen noch genauer

Schwingung von Pendeln, Drehung der Erde, jetzt dreht sich auch mir schon der Kopf.

Den Wissenschaftlern aber noch lange nicht. In der Geschichte der Zeitmessung hat eine Erhöhung der Taktfrequenz von Uhren immer zu höherer Genauigkeit von Uhren geführt. Kannst du dich noch an alte Pendeluhren erinnern, die jede Woche einmal aufgezogen werden mussten und jeweils etwa eine Minute nachgingen?

Die besten Uhren im Pariser Observatorium funktionieren bisher mit einer Abweichung von einer Sekunde alle 52 000 000 (also 52 Millionen) Jahre. Waren es früher Pendel (auch in einer Taschenuhr finden wir ein Pendel, nur ist dieses drehbar gelagert und wird Unruh genannt), die eine Uhr antrieben, sind es heute Vibrationen von Kristallen und Schwingungen von Atomen.

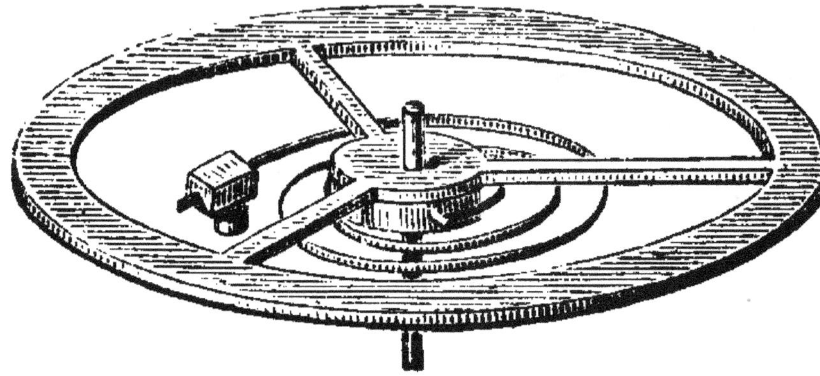

Abb. 1.3: Unruh (Drehpendel)

Grundlagen zur Zeitmessung

Die Hin- und Herbewegung eines *Pendels* wird *Schwingung* genannt. *Schwingende Kristalle* zeigen Schwingungen von 1000 bis mehreren Millionen Schwingungen pro Sekunde.

Atome können noch viel »schneller« schwingen.

Seit 1967 gilt: **Eine Sekunde ist dann vergangen, wenn ein Cäsium-Atom sich gerade 9.192.631.770 Mal hin- und herbewegt hat.**

Die Längenmessung

Zum Messen von Längen benutzen wir die Skala auf einem Lineal, Maßband oder Zollstock. Die kleinste auf der Skala markierte Länge ist die Einheit. Das Messergebnis besteht dann aus der Angabe von Vielfachen dieser Einheit.

Vielfaches einer Einheit

1,83 m Körpergröße bedeutet 183 Mal 1 cm. Genauer sieht es dann so aus:

1,835 m Körpergröße bedeutet 1835 Mal 1 mm.

Unser Maß- und Gewichtssystem wurde nach der Französischen Revolution von der Pariser Akademie der Wissenschaften festgelegt. Als Maßeinheit für die Länge entschied man sich für das Meter.

Ein Meter (1 m) ist jene Länge, die ein in Paris gelagerter Platinstab (das so genannte Pariser Urmeter) bei 0° C hat. Es ist etwa der zehnmillionste Teil eines Viertels des Erdumfanges (so ein Viertel nennt man Erdmeridianquadrant).

Diese Vereinbarung war äußerst wichtig und notwendig. Bei der Benutzung von Längeneinheiten gab es früher erhebliche Unsicherheiten. Jedes Königreich legte nach eigenen Gutdünken Körpermaße fest.

Was man unter Körpermaßen versteht

Körpermaße bestimmten schon im Altertum die Längenmessung. Elle und Fuß haben wir den Ägyptern zu verdanken, die Griechen führten das Stadion (180 m) ein, nämlich eine Strecke, die ein geübter Läufer schnell zurücklegen kann.

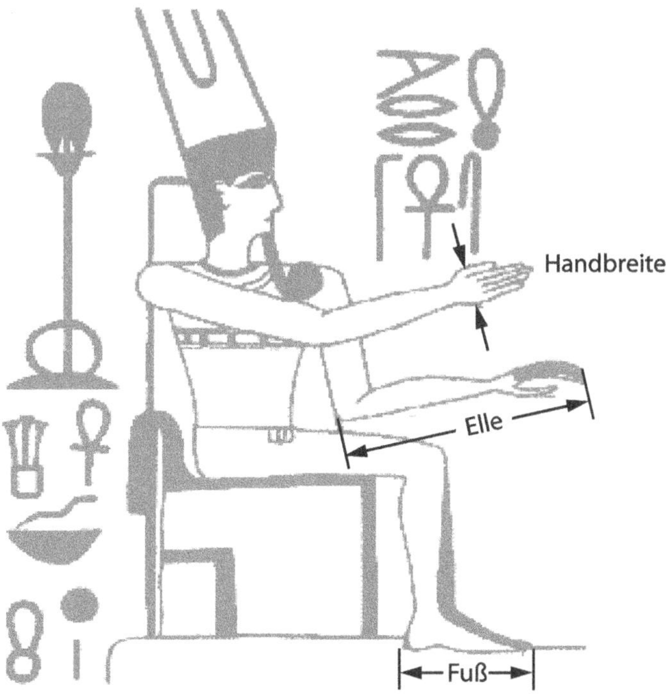

Abb. 1.4: Entstehung von Körpermaßen

Die Römer fügten zur Messung großer Entfernungen in ihrem Straßennetz die Meile als neues Längenmaß hinzu.

Zu Lebzeiten versuchten Könige immer wieder, in ihrem Reich das Messwesen zu vereinheitlichen, wie Karl der Große mit der Einheit Fuß seiner Schuhgröße. Viele Herrscher nahmen sich des Problems an. Heinrich I. von England führte im Jahre 1101 die Längeneinheit Yard (Abstand von seiner Nasenspitze bis zum Daumen seines ausgestreckten Armes) und Inch (Breite seines Daumens) ein. Eine aus heutiger Sicht witzige Idee ersann Eduard II. von England, indem er drei hintereinander gelegte Gerstenkörner zur Länge von einem Zoll erklärte.

Abb. 1.5: Yard und Inch

An Stelle eines Körpermaßes schlug der Mathematiker J. Kölbel ein Naturmaß vor: 16 Männer groß und klein, die nach einer Messe der Reihe nach aus der Kirche kommen, stellen ihre Füße hintereinander. Der sechzehnte Teil der Gesamtlänge sollte dann ein Fuß sein.

Ludwig XVI. von Frankreich beendete 1793 das große Durcheinander der Maßeinheiten durch ein Dekret, in dem die neue Längeneinheit 1 Meter (nach dem griechischen Wort metron für Maß) als der zehnmillionste Teil des Erdmeridianquadranten festgelegt wird.

Dieser Naturmaßstab wurde dann noch 1799 durch einen **Urmeterstab** aus **Platin** ersetzt, da so ein Vergleich und Anfertigen weiterer Maßstäbe leicht möglich war. Wissenschaft und Technik zwangen mit ihrer wachsenden Anforderung dazu, ab 1960 den Metallstab durch eine im Labor jederzeit erzeugbare Länge mit größerer Genauigkeit zu ersetzen.

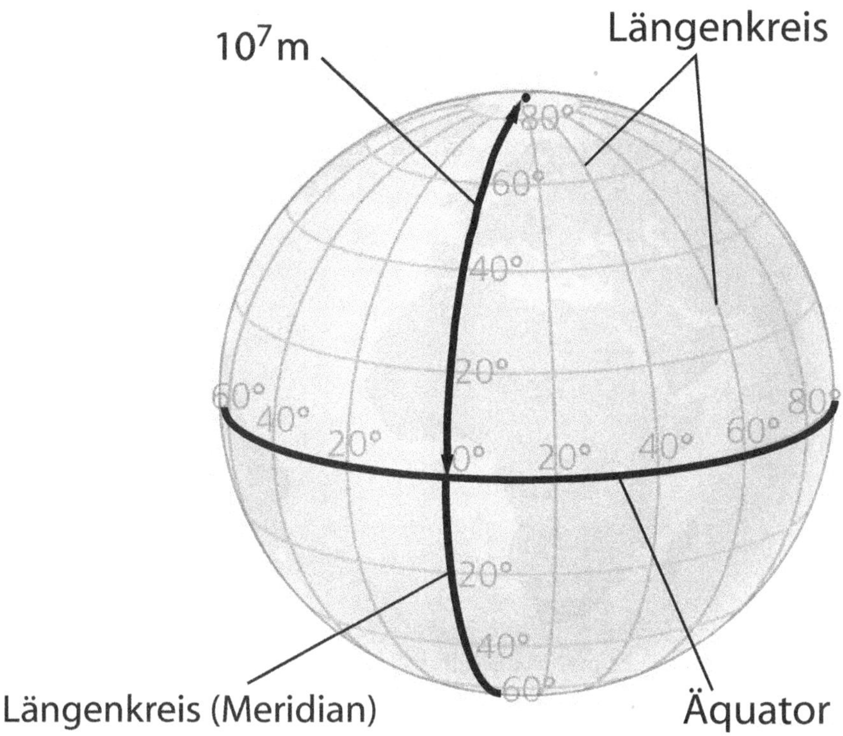

Abb. 1.6: Ein Viertel des Erdumfangs

Heute wird die Längeneinheit als die Strecke festgelegt, die Licht in der Zeit t = 1/299 792 458 s zurücklegt. Die Lichtgeschwindigkeit mit dem Zahlenwert »299 792 458« ist eine Naturkonstante.

Weil die Längeneinheit 1 m für viele Zwecke zu groß oder zu klein ist, sind davon auch Vielfache oder Teile mit der Zahl 10 erlaubt. Sie werden durch Buchstaben vor der Einheit angegeben:

1 m = 100 cm = 1000 mm

Potenz	Name	Zeichen
10^{-1}	Dezi	d
10^{-2}	Zenti	c
10^{-3}	Milli	m
10^{-6}	Mikro	µ
10^{-9}	Nano	n
10^{-12}	Piko	p
10^{-15}	Femto	f
10^{-18}	Atto	a
10^{-21}	Zepto	z
10^{-24}	Yocto	y

Für den Fall, dass es mal mehr sein soll, gibt es diese Vorsätze:

Potenz	Name	Zeichen
10^{24}	Yotta	Y
10^{21}	Zetta	Z
10^{18}	Exa	E
10^{15}	Peta	P
10^{12}	Tera	T
10^{9}	Giga	G
10^{6}	Mega	M
10^{3}	Kilo	k
10^{2}	Hekto	h
10^{1}	Deka	da

Masse statt Klasse

Ich möchte dich jetzt nicht noch weiter mit der Geschichte der Maßstäbe langweilen, aber dennoch zur Angabe der **Menge** (der Physiker nennt die *Menge einer Sache* die *Masse eines Stoffes*) so viel:

Bring mir bitte ein halbes Pfund Butter und drei Pfund Tomaten mit, hätte dir wahrscheinlich deine Urgroßmutter auf einen Einkaufszettel geschrieben. Unter einem Pfund verstehen wir in Deutschland 500 Gramm, in England beträgt ein Pound 453,6 Gramm.

Auch hier musste eine Regelung her. Das »Urkilogramm« wird in einem Labor bei Paris unter einer doppelten Käseglocke aufbewahrt; eine Kopie dieses Urkilogramm befindet sich auch in Deutschland und wird etwa alle zehn Jahre mit dem Urkilogramm aus Paris verglichen.

Auf die Verständigung kommt es an

1998 ging folgende spektakuläre Mitteilung durch die Presse:

»Fehler bei der Umrechnung führten zum Verglühen der Sonde Mars Climate Orbiter ...

... aber auch die Amerikaner hatten einige Rückschläge (bei der Raumfahrt) zu verkraften, wobei der peinlichste Fehler sich bei der Mars-Climate-Orbiter-Mission ereignete. Die NASA-Mitarbeiter machten Fehler bei der Umrechnung von Einheiten und der Marsboden war dann da, wo er eigentlich nicht sein sollte. Wie konnte dies geschehen?

Die Firma Lockhead Astronautics fertigte ein Computerprogramm mit den Werten im englischen Maß (Pound, Inch, ...), während das ebenfalls am Projekt beteiligte Jet Propulsion Laboratory ein Computermodell erstellte, das Werte im metrischen Maß (Kilogramm, Meter, Sekunde, ...) erwartete.«

Der peinliche Vorfall der Mars-Mission zeigt dir, wie wichtig es ist, dass alle Welt mit gleichem Maß misst. Das neue Maß Meter wurde zur Grundlage des internationalen metrischen dezimalen Maßsystems. 1960 wurde es unter dem Namen »Systeme International d'Unites« (SI) aus der Taufe gehoben, das auf sieben Basiseinheiten, darunter Kilogramm, Meter und Sekunde beruht.

Die SI-Einheiten im Einzelnen

Basisgröße	Basiseinheit	Zeichen	Definition
Länge	Meter	m	Das Meter ist die Länge der Strecke, die Licht im Vakuum während der Dauer von 1/299792458 Sekunden durchläuft.
Masse	Kilogramm	kg	Das Kilogramm ist die Einheit der Masse; es ist gleich der Masse des Internationalen Kilogrammprototyps.
Zeit	Sekunde	s	Die Sekunde ist das 9192631770fache der Periodendauer der dem Übergang zwischen den beiden Hyperfeinstrukturniveaus des Grundzustandes von Atomen des Nuklids ^{133}Cs entsprechenden Strahlung.
elektrische Stromstärke	Ampere	A	Das Ampere ist die Stärke eines konstanten elektrischen Stromes, der, durch zwei parallele, geradlinige, unendlich lange und im Vakuum im Abstand von einem Meter voneinander angeordnete Leiter von vernachlässigbar kleinem, kreisförmigem Querschnitt fließend, zwischen diesen Leitern je einem Meter Leiterlänge die Kraft $2 \cdot 10^{-7}$ (0,0000002) Newton hervorrufen würde.

Basisgröße	Basiseinheit	Zeichen	Definition
Temperatur	Kelvin	K	Das Kelvin, die Einheit der thermodynamischen Temperatur, ist der 273,16te Teil der thermodynamischen Temperatur des Tripelpunktes des Wassers.
Stoffmenge	Mol	mol	Das Mol ist die Stoffmenge eines Systems, das aus ebenso viel Einzelteilchen besteht, wie Atome in 0,012 Kilogramm des Kohlenstoffnuklids ^{12}C enthalten sind. Bei Benutzung des Mol müssen die Einzelteilchen spezifiziert sein und können Atome, Moleküle, Ionen, Elektronen sowie andere Teilchen oder Gruppen solcher Teilchen genau angegebener Zusammensetzung sein.
Lichtstärke	Candela	cd	Die Candela ist die Lichtstärke in einer bestimmten Richtung einer Strahlungsquelle, die monochromatische Strahlung der Frequenz $540 \cdot 10^{12}$ Hertz aussendet und deren Strahlstärke in dieser Richtung 1/683 Watt/Steradiant beträgt.

Die Verständigung auf internationale Einheiten

Wie wir Reaktionszeiten messen, hast du in dem Eingangsversuch kennen gelernt.

Reaktionszeit	Fallstrecke in cm	Bewertung
	0	
0,13 s	9	hervorragend
0,15 s	11	sehr gut

Reaktionszeit	Fallstrecke in cm	Bewertung
0,17 s	14	gut
0,18 s	16	in Ordnung
0,20 s	20	mäßig
0,22 s	24	unterdurchschnittlich
0,25 s	30	schlecht

Das Lineal lässt sich somit neu skalieren, es können dann »Zeiten« statt »Fallstrecken« abgelesen werden. Die einzelnen Messgrößen hängen also voneinander ab, sind über Gesetze miteinander verknüpft. Mit anderen Worten, kennst du die Fallstrecke, kannst du (später) die Reaktionszeit berechnen.

Wie schätzen wir unsere Ergebnisse ein? Zeiten von 0,5 s bis 1 s sind Reaktionszeiten, die im täglichen Leben wie Straßenverkehr und Sport üblich sind.

Wie Physiker messen

Größe	Basiseinheit	Formelsymbol	Einheitenzeichen	Beispiel
Länge	Meter	s	m	s = 5 m
Zeit	Sekunde	t	s	t = 30 s
Masse	Kilogramm	m	kg	m = 7,5 kg

Messen bedeutet **Vergleichen**. Wenn jemand behauptet, dass ein Koffer doppelt so schwer ist wie ein anderer, wird keine **Einheit** angegeben.

Wenn du dich auf **Einheiten** für das **Messen** mit deinen Mitmenschen einigst, beispielsweise auf die **Massen-Einheit Kilogramm**, dann kannst du über deine **Messergebnisse** sprechen, ohne dass die betreffenden Gegenstände greifbar sein müssen.

Von Größengleichungen und Formelsymbolen

Wendest du diese Basiseinheiten in deinen zukünftigen Erfindungen, Aufsätzen und Protokollen an, dann kann auch ein Leser z.B. aus Asien deine Messdaten in folgendem Protokoll lesen, ohne den Text verstehen zu müssen.

»Über einen Zeitraum von bereits t = 333 s halte ich die Einkaufstasche der Masse m = 2,3 kg in einer Höhe von s = 0,75 m.«

Gemäß Vereinbarung teilst du mit diesem Text eine Zeit von 333 Sekunden, eine Masse von 2,3 Kilogramm und eine Strecke (Höhe) von 0,75 Metern mit.

t	=	333 s
s	=	0,75 m
m	=	2,3 kg

Du hast nun ganz automatisch Größengleichungen verwendet und kannst dich mit Physikern verständigen.

Zusammenfassung

Der Physiker ist bei seiner Arbeit auf Messungen angewiesen. Zu jeder Messung benötigt man eine Maßeinheit und ein Messgerät. Erst wenn beides vorhanden ist, kann die Messung durchgeführt werden. Daher hast du in diesem Kapitel gelernt,

- wie man Reaktionszeiten misst
- was man unter Körpermaßen versteht
- wie Herrscher und Könige das Messwesen beeinflussten
- wie sich die international vereinbarten physikalischen Einheiten entwickeln
- dass Physiker mit Formelsymbolen und Größengleichungen umgehen

Fragen und Aufgaben

1. Finde dich mit deinen Freunden zusammen und ermittle die Länge **»ein Fuß«** nach dem Verfahren des Mathematikers J. Kölbel.
2. Wie viele deiner Daumen passen auf einen Fuß?
3. Mit Hilfe einer Tabellenkalkulation kannst du alte und neue Maße ineinander umrechnen. Das Hilfemenü der Tabellenkalkulation hilft dir da weiter.
4. Klebe auf ein Lineal gemäß der Formelbox die Reaktionszeiten. Jetzt hast du ein Reaktionszeitmessgerät.
5. Ein Juwelier handelt Edelsteine in Karat. Worum handelt es sich dabei?

2

Ein kurzes Kapitel über die Schnelligkeit

Wie kommt es, dass bei Schiffen und Flugzeugen die Geschwindigkeit meist in Knoten angegeben wird?

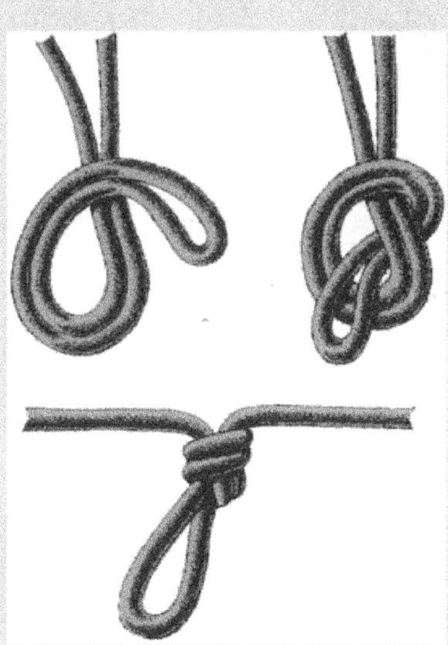

Abb. 2.1: Ein Seemannsknoten

Früher hat man die Geschwindigkeit eines Schiffes mit einem kleinen Brettchen, dem Log bestimmt, das an einer Leine mit Knoten in gleichen Abständen befestigt war. Das Log wird bei fahrendem Schiff in das Wasser geworfen, bleibt im Wasser liegen und zieht die Leine nach. Die Knoten werden gezählt, während eine Sanduhr – das Logglas – abläuft. Laufen in dieser Zeit dem Matrosen 18 Knoten durch die Hand, so fährt das Schiff 18 Knoten.

Du lernst in diesem Kapitel, wie du diese Knoten entfesselst und noch mehr, wie du

- Geschwindigkeiten berechnest
- die Gewitterregel kennen lernst
- Geschwindigkeiten selbst misst

Wie du Geschwindigkeiten ermittelst

Für diesen Versuch benötigst du ein durchsichtiges Glas- oder Kunststoffröhrchen (schau mal in der Küche nach, ob nicht im Gewürzfach ein leeres Röhrchen zur Aufbewahrung von Vanilleschoten oder ein leeres Röhrchen für Backaroma zu finden ist).

Fülle nun das Röhrchen so mit Wasser, dass nach dem Verschließen eine Luftblase im Wasser bleibt. Klebe zum Schluss einen Streifen kariertes Papier längs des Röhrchen.

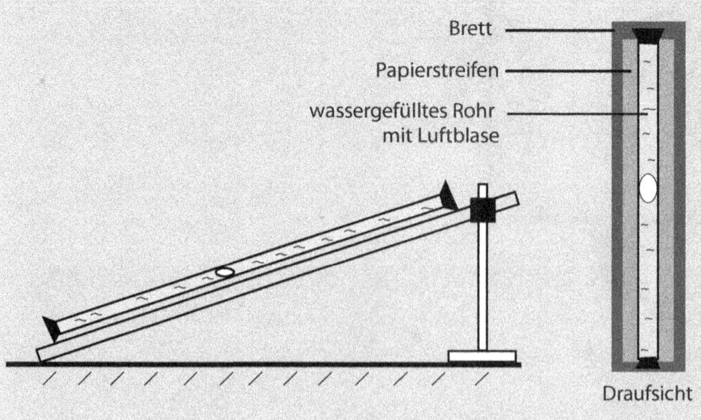

Abb. 2.2: Versuchsaufbau

Lege das Röhrchen waagerecht auf den Tisch und starte die Luftblase durch Anheben des Glasrohres um eine feste Höhe (wähle zunächst nur 2 cm, werde dann mutiger). Markiere auf dem Papierstreifen alle 5 Sekunden mit einem Bleistift die Stelle, an der sich die Luftblase gerade befindet.

Schau dir nun die Abstände der Markierungen auf dem Papier an. Von Sekunde zu Sekunde müssten die Abstände gleich sein. Die Luftblase legt dann immer gleich lange Strecken in gleich langen Zeiten zurück und der Physiker sagt dazu, die Luftblase bewegt sich mit konstanter (gleicher) Geschwindigkeit.

Weg und Zeit bestimmen die Geschwindigkeit

Bezeichnen wir die Strecke mit dem Formelsymbol s und die Zeit mit t, so erhalten wir die Geschwindigkeit v (von velocitas, lat. Schnelligkeit), indem wir die Strecke durch die Zeit teilen. Teilt man zwei Größen durcheinander, so nennen wir diesen Bruch auch Quotient.

Die Formel zur Berechnung einer Geschwindigkeit lautet also in Worten:

$$\text{Geschwindigkeit} = \frac{\text{Strecke}}{\text{Zeit}}$$

Anstelle der Wörter Geschwindigkeit, Strecke und Zeit kannst du nun »Platzhalter« (die Formelsymbole) einsetzen.

Damit hast du deine erste Formel aufgestellt: $v = \frac{s}{t}$

Wie du damit umgehen kannst, lernst du in der folgenden Box.

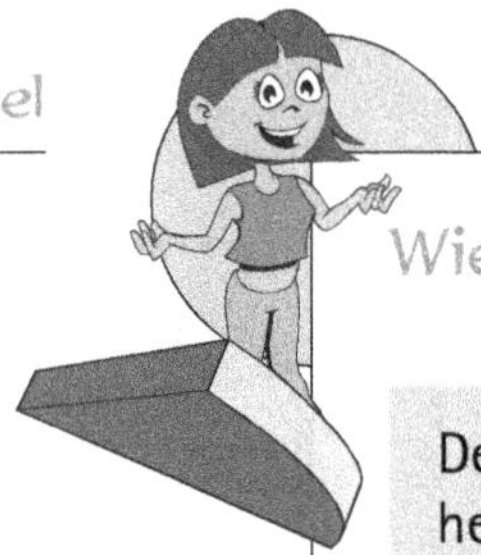

Wie ich mit Formeln umgehe

Der Quotient aus zurückgelegtem Weg s und dafür benötigter Zeit t heißt Geschwindigkeit v. Mit dieser Anweisung müsstest du eigentlich schon recht gut umgehen können. Angenommen, in deinem Experiment hat die Luftblase in 5 Sekunden 7 Zentimeter zurückgelegt, so berechnet sich die Geschwindigkeit v zu:

$$v = \frac{7\ \text{cm}}{5\ \text{s}} = 1{,}4\ \frac{\text{cm}}{\text{s}}$$

1,4 Zentimeter pro Sekunde beträgt die ermittelte Geschwindigkeit. Die Physiker geben sich mit diesem Ergebnis noch nicht zufrieden. Schon wieder gilt es, eine Vereinbarung einzuhalten, nämlich das mks-System. Was bedeutet dies?

$$v = \frac{7\ \text{cm}}{5\ \text{s}} = \frac{0{,}07\ \text{m}}{5\ \text{s}} = 0{,}014\ \frac{\text{m}}{\text{s}}$$

In physikalischen Formeln und Rechnungen werden die Größen Strecke, Masse und Zeit immer in den Einheiten Meter, Kilogramm und Sekunde angegeben.

An die Vereinbarung des mks-Systems halten sich nicht alle. Wenn du dir die Verkehrschilder zur Geschwindigkeitsbeschränkung anschaust, findest du dort die Angaben 30, 50, 70 oder 100 (es gibt noch weitere solcher Angaben). Diese Zahlenwerte geben die Geschwindigkeit in Kilometer pro Stunde (die Stunde erhält das Formelsymbol h) an. Also:

$$v = \frac{30\ \text{km}}{1\ \text{h}} = \frac{30000\ \text{m}}{3600\ \text{s}} = 8{,}33\ \frac{\text{m}}{\text{s}}$$

Hast du verstanden, wie ich die Geschwindigkeit von km/h in m/s umgerechnet habe?

Ganz einfach: 1 km entspricht 1000 m und 1 h entspricht 60 • 60 s, also 3600 s. Diese Werte habe ich in die Formel eingesetzt und neu gerechnet.

Gewitter – ein Beispiel für die 12/4-Regel

Zieht ein Gewitter heran, so kannst du die Entfernung der Gewitterwolken durch Anwendung folgender Regel abschätzen:

Sofort nach Aufleuchten des Blitzes beginnst du laut 0 – 1 – 2 – 3 usw. im Sekundentakt zu zählen und brichst das Zählen beim Wahrnehmen des Donners ab. Teile die erreichte Zahl durch 3 und schon hast du die Gewitterentfernung in Kilometer. Wieso das so ist, erfährst du jetzt.

Die Schallgeschwindigkeit in Luft beträgt 340 m/s. Wie weit ist ein Blitz entfernt – den man praktisch ohne Verzögerung sieht –, wenn der Donner 3 s später zu hören ist? Diese Aufgabe möchte ich dir vorrechnen, da du hiermit das Umformen von Formeln kennen lernst.

Umformen von Formeln

Zuerst eine Aufgabe: Stelle die Zahlen 12, 4 und 3 durch sich selbst dar.

$4 = \frac{12}{3}$ $\qquad 12 = 4 \cdot 3 \qquad 3 = \frac{12}{4}$ → 12/4-Regel

Setze jetzt hier deine erste physikalische Formel ein:

$v = \frac{s}{t}$ und forme um: $s = v \cdot t \qquad t = \frac{s}{v}$ → nützliche Formeln

Formeln sind Größengleichungen und die verwendeten Größen können wie Zahlen in einem Bruch vertauscht werden. Die gesuchte Entfernung s kannst du also mit einer der drei Formeln berechnen, aber welche?

Natürlich mit $s = v \cdot t$

Setzt du jetzt die Werte $v = 340$ m/s und $t = 3$ s ein, so ermittelst du eine Entfernung von $s = 1020$ m.

$$s = 340\,\frac{m}{s} \cdot 3\,s = 1020\,m$$

Wie du leicht erkennen kannst, kürzt sich bei dieser Rechenoperation die Einheit s (Sekunde) weg und übrig bleibt die Einheit m (Meter).

Wenn du mit einem Auto mitfährst und das Tachometer betrachtest (das ist die Geschwindigkeitsanzeige) wirst du feststellen, dass die Anzeige nicht immer unverändert ist. Das Tachometer zeigt dir die **Momentangeschwindigkeit** an, denn ein Autofahrer muss immer wissen, wie schnell er gerade fährt. Ändert sich die Geschwindigkeit einer Bewegung (Schnellerwerden), so spricht man von einer (positiven) **Beschleunigung**. Nimmt die Geschwindigkeit beim Bremsen ab, so spricht man von einer **Verzögerung** (negative Beschleunigung).

Abb. 2.3: Tachometer in einem Auto

Legst du mit deinem Fahrrad in 2 Stunden 30 Kilometer zurück, so ist es sicher schwierig, die gesamte Strecke mit der konstanten Geschwindigkeit v = 15 km/h zu fahren. Der Quotient 15 km/h gibt dir die **Durchschnittsgeschwindigkeit** an.

Bei Bewegungen mit unveränderlicher Geschwindigkeit stimmen Momentan- und Durchschnittsgeschwindigkeit überein.

Beispiele für Geschwindigkeiten

	m/s	km/h
Haarwachstum	0,000 000 01	-
Schnecke	0,002	0,007
Fußgänger	1,4	5
Radfahrer	5	18
Auto	40	144
Rauchschwalbe	100	360
Flugzeug	250	900

	m/s	km/h
Schall in Luft	340	1224
Mond um Erde	1000	3600
Satellit um Erde	2600	9360
Erdbeben	5000	18000
Licht im Weltall	300000000	1080000000

Achtung – Unfallgefahr

»Jeder darf eigentlich nur so schnell fahren, wie er rechtzeitig anhalten kann.« In einigen Jahren wirst vielleicht auch du diesen Ausspruch im Fahrschulunterricht hören. Oft unterschätzt wird nämlich der Anhalteweg.

Beispiel: Ein Auto fährt mit $v = 30$ km/h in einer Spielstraße. Da läuft ein Kind in einer Entfernung von etwa 20 m auf die Fahrbahn. Kann der Fahrer noch rechtzeitig halten?

In der Fahrschule lernst du zwei Regeln. Die Reaktionszeit, die den Reaktionsweg ohne Betätigung der Bremsen beschreibt, liegt durchschnittlich bei $t = 1$ s; wird jetzt gebremst, berechnet sich der Bremsweg, indem du die Geschwindigkeit in km/h durch 10 teilst und davon das Quadrat bildest.

Reaktionsweg und Bremsweg machen den Anhalteweg aus.

Reaktionsweg:

$$s_R = v \cdot t = 30\ \frac{\text{km}}{\text{h}} \cdot 1\ \text{s} = 30\ \frac{\text{km}}{3600\ \text{s}} \cdot 1\ \text{s} = 0{,}0083\ \text{km} = 8{,}3\ \text{m}$$

Bremsweg: $s_B = \left(\frac{30}{10}\right)^2 \text{m} = 9\ \text{m}$

Anhalteweg: $s = s_R + s_B = 8{,}3\ \text{m} + 9\ \text{m} = 17{,}3\ \text{m}$

Der Anhalteweg berechnet sich aus Reaktionsweg und Bremsweg zu 17,3 m.

Es reicht also!

Zusammenfassung

In diesem kurzen Kapitel über die Schnelligkeit hast du etwas gelernt

- über den Begriff Geschwindigkeit
- über den Umgang mit Formeln
- über die 12/4-Regel
- über das Schneller- und Langsamerwerden

Ich denke, zur Entspannung wären jetzt ein paar Anwendungsaufgaben ganz gut, oder?

Fragen und Aufgaben

1. In einer Stunde legt ein Schiff bei 1 Knoten 1 Seemeile zurück. 1 Seemeile beträgt 1852 m. Berechne mal diese Geschwindigkeit in m/s und km/h.
2. Ein Auto fährt mit der Geschwindigkeit 144 km/h. Wie weit kommt es in 10 s?
3. Tachometerprüfung am Fahrrad: Suche dir eine 50 m lange Strecke und fahre gleichmäßig schnell mit der Tacho-Anzeige 10 km/h. Miss die dafür benötigte Zeit. Geht dein Tacho richtig, so muss die Fahrzeit 18 s betragen.
4. Ermittle den Bremsweg eines Autos in der Spielstraße, das eine Geschwindigkeit von 60 km/h hat.

3

Temperatur hat man

Es ist Sommer. Lisa hat kalt geduscht, Jens heiß, bevor sie in das Wasser des Schwimmbeckens eines Freibades springen. Beide empfinden das Wasser als unterschiedlich warm.

Hast du es nicht auch schon einmal erlebt, dass es dir draußen recht kalt war, dein Freund hingegen empfand es als recht angenehm.

In diesem Kapitel erfährst du etwas über

- den Temperatursinn
- Thermometer
- Maßbänder für Temperaturen

Versuch 1

Stelle vor dir auf einen Tisch nebeneinander drei gleich große Schalen (Dessertteller) und fülle diese jeweils mit sehr warmen Wasser (Vorsicht), lauwarmen und kalten Wasser. Halte nun eine Minute lang die linke Hand in das sehr warme Wasser und die rechte Hand in das kalte Wasser. Dann tauche die beiden Hände gleichzeitig in das lauwarme Wasser. Was empfindest du ?

Versuch 2

Buddelthermometer: Fülle eine Glasflasche zu einem Drittel mit Wasser (mit etwas Tinte anfärben) und verschließe diese mit Knetmasse so, dass ein Trinkhalm in das Wasser hineinragt. Umklammere mit beiden Händen die Flasche und beobachte das Wasser in dem Trinkhalm.

Abb. 3.1: Flaschenthermometer

Jens friert zunächst im Schwimmbad, Lisa dagegen empfindet das Wasser als richtig warm. Unsere Haut als Sinnesorgan gestattet es dir, zwischen heißen, lauwarmen und kalten Zuständen unserer Umgebung oder von Gegenständen, die du berührst, unterscheiden zu können. Temperaturen zwischen 15° C und 45° C unterscheiden wir mit Hilfe unserer Haut recht gut.

Vom Temperatursinn zum Thermometer

Im Bereich der Körpertemperatur (37° C) ist unser Temperatursinn besonders empfindlich. Du selbst kannst durch Berühren der Stirn eine Abweichung von der üblichen Körpertemperatur bei Fieber feststellen. Hast du schon mal bei deinen Geschwistern an die Stirn gefasst, wenn sie Grippe hatten? Im Gegensatz zu deiner Stirn waren ihre viel wärmer.

Wenn wir einen Gegenstand berühren, vergleichen wir seine Temperatur mit der Temperatur, die wir zuvor angenommen hatten. Ein Gegenstand erscheint dir wärmer, wenn du vorher etwas Kaltes angefasst hast. Und beim Baden in einem Freibad empfinden wir das Wasser oft als kalt, weil wir aus der wärmeren Luft kommen.

Dieses Empfinden ist **subjektiv**, das heißt, es ist von der einzelnen Person und ihrer Erfahrung abhängig. Messen wir mit einem Thermometer nach, ob es heiß oder kalt ist, so ist die ermittelte Temperatur eine **objektive** Messgröße. Das heißt, diese Messung kann von jedermann nachvollzogen werden.

Messgeräte für die Temperatur heißen also Thermometer. Dein Buddelthermometer, ein so genanntes Flüssigkeitsthermometer, kann durch die Höhe des Wassers in dem Trinkhalm den Zustand heiß oder kalt oder eine Zwischenstufe davon messen.

Maßbänder für Temperaturen

Um Temperaturen genau und verlässig zu bestimmen, verwenden wir Thermometer. Der Wert der Temperatur wird in Grad Celsius (° C) angegeben. Neben den Flüssigkeitsthermometern kennst du sicher auch elektronische Digitalthermometer.

Für Flüssigkeitsthermometer (vielleicht gibt es in eurem Haushalt noch ein Quecksilber-Fieberthermometer) schlug Anders Celsius (1701–1744) ein Maßband für Temperaturen vor, das wir heute als Celsiusskala bezeichnen.

Die Temperaturen von Eiswasser und von siedendem (kochendem) Wasser werden willkürlich als Bezugspunkte gewählt. Eiswasser erhält die Temperatur 0° C, siedendes Wasser 100° C.

Die Länge der Flüssigkeitssäule zwischen diesen Bezugspunkten wird in hundert Teile geteilt. Dieser hundertstel Temperaturunterschied wird als Temperatureinheit gewählt und mit 1 Grad Celsius, kurz 1° C, bezeichnet. So einfach geht das.

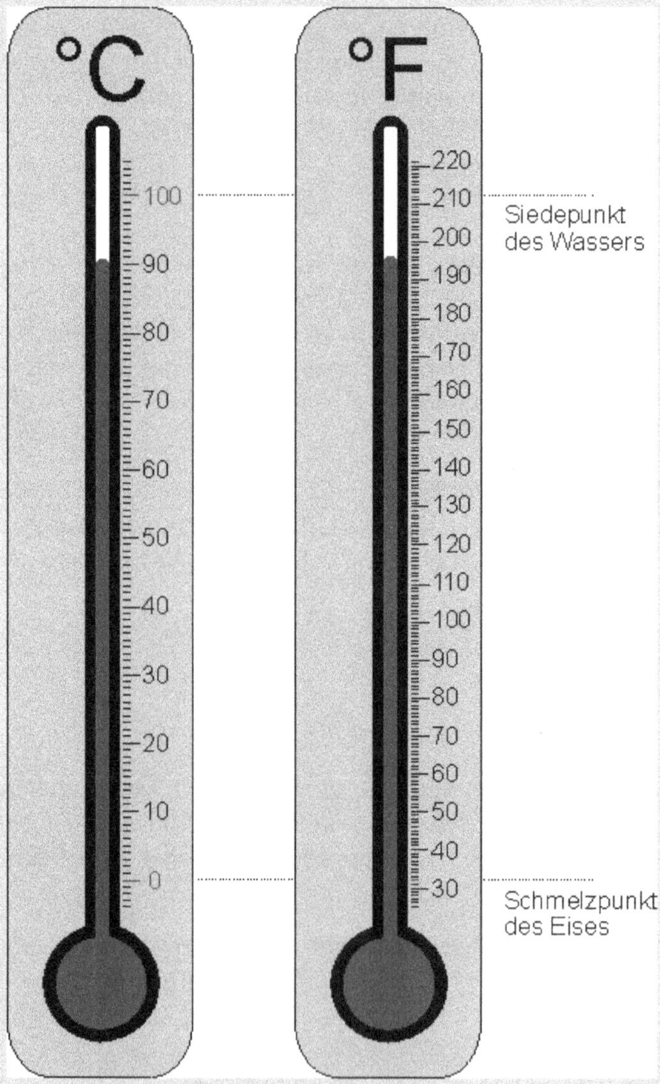

Abb. 3.2: Celsius und Fahrenheit

In den USA wird ein anderes Maßband, die Fahrenheit-Skala mit der Temperatureinheit 1° F, verwendet. Diese Skala stammt von dem Glasbläser Daniel Fahrenheit (1686–1736). Als Nullpunkt seiner Skala (0° F) wählte Fahrenheit die tiefste Temperatur des strengen Winters 1709, die er durch eine spezielle Eis-Wasser-Salz-Mischung immer wieder erreichen konnte. Weil selbst die ältesten Leute behaupteten, sie hätten noch nie so bitterkalte Tage erlebt, hoffte Fahrenheit auf diese Weise, negative Temperaturen vermeiden zu können.

Der andere Fixpunkt soll seine Körpertemperatur gewesen sein, der er willkürlich die Zahl 100 zuordnete. Die Schmelztemperatur von Eis kam so auf 32° F und die Siedetemperatur des Wassers auf 212° F.

Fahrenheit hat einen sehr kalten Wintertag in Danzig (-17° C) als ersten Bezugspunkt dieser Skala für 0° F und unsere normale Körpertemperatur (37° C) als zweiten Bezugspunkt für 100° F gewählt.

Wenn du nun genau hinschaust, lässt dich der folgende Urlaubsgruß kalt:

»Heute bei 30 Grad Fahrenheit schmelzen wir nur so in der Sonne. Deine Liebste sendet dir diesen Gruß aus den USA.«

Versuch 3

Kältemischung für Speiseeis: Wir machen es wie die römischen Kaiser oder Napoleon von Frankreich. Diese Herrscher schleckten im Sommer gerne gefrorenen Honig oder gefrorene Sahne. Zerkleinere dazu in einer Plastikschale Eisstücke möglichst fein. Fülle dann eine 2 bis 3 cm dicke Schicht davon in eine hochwandige Rührschüssel (2 L); darüber streust du eine 1 cm dicke Schicht Kochsalz (oder Streusalz), darüber wieder Eis usw. Fülle nun einen kleinen Becher Sahne in ein Metallgefäß und tauche dieses in die Eismischung. Wenn die Sahne unter ständigem Rühren erstarrt, hast du eine Temperatur von unter -20° C erreicht.

Beispiele für Temperaturen

tiefste mögliche Temperatur	-273,15° C
flüssige Luft	-210° C
Mond (unbeleuchtet)	-170° C
tiefste auf der Erde gemessene Lufttemperatur	-89° C
hohe Wolken	-50° C
Körper des Menschen	37° C
höchste auf der Erde gemessene Lufttemperatur	57° C
Mond (beleuchtet)	150° C
glühende Holzkohle	1100° C
Glühfaden einer Glühlampe	2500° C
Sonnenoberfläche	5500° C

Die Kelvinskala

Die niedrigstmögliche Temperatur in unserem Universum (auf der Erde und im Weltraum) beträgt -273,15° C. Lord Kelvin (1834–1907) hat nun vorgeschlagen, diese tiefste Temperatur als Nullpunkt einer neuen Temperaturskala (Kelvin-Skala) zu wählen.

Negative Temperaturen gibt es in dieser Skala dann nicht. 0 Kelvin (0 K) entsprechen -273,15° C. Ein Temperaturunterschied von 1 K ist genau so groß wie der Unterschied von 1° C.

0° C entsprechen auf der Kelvin-Skala 273,15° C, 25° C entsprechen demnach 298,15° C.

Ein Wechsel zwischen diesen beiden Skalen ist also leicht möglich; du brauchst lediglich zum Wert der Temperatur in Grad Celsius den Zahlenwert 273,15 zu addieren und schon bist du in der Kelvin-Skala. Thermometer mit der Kelvin-Skala werden in Wissenschaft und Forschung verwendet.

Zusammenfassung

In diesem Kapital hast du gelernt

- wie du deinen Temperatursinn überlisten kannst
- wie du den Zustand eines Körpers (heiß oder kalt) objektiv beschreibst
- wie Temperaturskalen festgelegt wurden
- dass Physik auch lecker sein kann

Fragen und Aufgaben

1. Warum können wir flüssige Luft oder glühende Holzkohle nicht mit unserem Temperatursinn erfassen?
2. Hitzefrei bei 24° C ! Wie viel Grad Fahrenheit sind dies?
3. In den Wettervorhersagen im Rundfunk hört man oft von der gefühlten Temperatur (z.B. stark windig bei -2° C, gefühlte Temperatur heute -7° C). Was verstehst du darunter ?
4. Gib die Temperatur in deinem Zimmer in ° C und in K an.

4 Wärme gibt man

Bei kalten Füßen oder Bauchschmerzen ist oft eine Wärmflasche von Nutzen. Eine Thermoskanne (Isolierkanne) hält heißen Kaffee oder Kakao über Stunden warm. Taucher schützen sich vor Unterkühlung durch Thermoanzüge; ganze Häuser packt man in solche Anzüge, indem man sie von außen mit Styropor isoliert.

Du hast vielleicht schon an der Überschrift gesehen, dass man Wärme abgeben (oder aufnehmen) kann. Für Physiker ist »Wärme« von besonderem Interesse. Damit der Motor in einem Auto nicht überhitzt, wird dieser gekühlt, sodass die Temperatur im Motor immer gleichbleibt. Der Motor hat »Temperatur«, nicht Wärme.

Warum dies so ist, erfährst in diesem Kapitel, nämlich

- wie die Geschichte für Kalorien verantwortlich ist
- wie Wärme mit Arbeit zu tun hat
- wie Physiker sich Dinge (Körper) vorstellen
- wie viel Energie in dir steckt

Abb. 4.1: Die Welt im Großen und Kleinen

Reibe die Hände kräftig gegeneinander.

Rubbel mit einem Radiergummi das Ende eines Bratenthermometers (auf keinen Fall ein Quecksilber-Fieberthermometer verwenden).

Verschließe mit einem Daumen die Öffnung einer Fahrradluftpumpe und presse möglichst schnell die zuvor angesogene Luft heraus.

Bewege deine Hand möglichst schnell durch die Luft hin und her. Was spürst du auf dem Handrücken?

Reibst du deine Hände kräftig gegeneinander, werden die Hände warm. Die Temperatur deiner Handflächen steigt, ebenso steigt auch die Temperatur am Ende des Bratenthermometers. Indem du reibst, verrichtest du Arbeit, die dann in Wärme umgewandelt wird.

Die Geschichte der Wärme

Wärme, was ist das, wirst du nun fragen. Im 18. Jahrhundert war man überzeugt, dass Wärme ein gewichtsloser Stoff ist, dem man den Namen »Caloricum« oder auch »Phlogiston« gab. Man war der Meinung, dass das Caloricum beim Erwärmen eines Stoffes in dessen feinste Poren eindringt, was zu dessen Ausdehnung führt. So glaubte man auch die Ausdehnung

der Thermometerflüssigkeit verstehen zu können. Presst man die Luft in einer Luftpumpe zusammen, so entweicht die Wärme in Form des Caloricums aus der Pumpe.

Benjamin Thomson unternahm 1798 einen Versuch, um zu überprüfen, wie viel Caloricum (Wärme) in einen Stoff passt. Er nahm stumpfe Stahlbohrer und ließ sie im Innern von Kanonenrohren laufen. Nach kurzer Zeit wurden die Rohre glühend heiß, und das zur Kühlung verwendete Wasser kam zum Sieden (Kochen). Der Versuch nahm auch nach sehr vielen Wiederholungen immer den gleichen Ausgang. Wenn Wärme ein Stoff wäre, der im Stahl der Kanonenrohre gebunden ist und durch die Erschütterung beim Bohren freigesetzt wird, dann müsste der Wärmestoff irgendwann zur Neige gehen. Da dies aber nicht der Fall war, bekam man Zweifel an der Phlogiston-Theorie.

Gelehrtenmeinung

Es dauerte nicht lange, da setzte sich bei einer Reihe von Gelehrten die Meinung durch, dass Wärme etwas mit Energie und Arbeit zu tun haben müsste. Unser guter Lord Kelvin führte den Energiebegriff ein, der bis heute Gültigkeit hat.

Stehst du auf dem 3-Meter-Brett eines Sprungturms im Schwimmbad, dann hast du mehr Energie als die Schwimmer im Wasser. Diese Energie, auch Lageenergie (Höhenenergie) genannt, ermöglicht es dir, Arbeit zu verrichten.

Im Zirkus nutzen die Artisten dies, um von einer gewissen Höhe aus auf eine Wippe zu springen und dort einen weiteren Artisten in die Höhe zu katapultieren. Die Wippe verrichtet an dem nach oben Geschleuderten Arbeit. Bevor dort aber Arbeit verrichtet werden kann, wird die ursprüngliche Höhenenergie immer geringer und in Bewegungsenergie umgewandelt.

Wissenswertes über Energie

Energie beschreibt die Fähigkeit, *Arbeit* zu verrichten. Wird Arbeit verrichtet, *wandelt* sich eine *Energieform* in eine andere um.

Bei diesen Beispielen bleiben die Artisten wie auch du selbst im Schwimmbad kalt. Das heißt, die Temperatur ändert sich nicht. Wie sind dann aber unsere Reibe-Versuche zu erklären?

Was ist Wärme?

Physiker können ausrechnen, dass ein Wassertropfen aus einer Höhe von 427 m herabfallen müsste, damit er sich um 1° C erwärme. Wird nach dem Aufprall **keine Arbeit** verrichtet, sondern der herabfallende Gegenstand nur erwärmt, spricht man von **Wärme.** In dem Gegenstand selbst hat sich etwas geändert, was wir an der Temperaturänderung erkennen. Die gesamte Höhenenergie hat sich in so genannte **innere Energie** umgewandelt.

Erhöht sich die Temperatur unserer Hände, dann wird den Händen Wärme zugeführt. Die Thermoskanne verhindert, dass Wärme abgegeben wird und die Temperatur sinkt.

Der Physiker und Wärme

Wissenswertes über Wärme

Mit dem Begriff Energie beschreibst du den Zustand eines Gegenstandes. Diesen Zustand kannst du ändern, indem du an diesem Gegenstand Arbeit verrichtest: Anheben, Schnellermachen, Biegen.

Hierbei wandelst du eine Energie in eine andere Energie um; Energie gibt es also in verschiedenen Formen:

Lageenergie

Bewegungsenergie

Spannenergie

Elektrische Energie

Chemische Energie

Wärme: Ändert sich nur die Temperatur unseres Gegenstandes, so ändert sich seine innere Energie durch Wärmezufuhr oder Wärmeabgabe.

Arbeit verrichten heißt zum Beispiel einen Werkzeughammer anheben. Ändert sich dabei die Temperatur des Hammers nicht, so hat sich die äußere Energie, nicht aber die innere Energie verändert. Wärme kommt erst ins Spiel, wenn die Temperatur sich ändert.

So, jetzt raucht aber unser Köpfchen und wir schauen uns einmal die Welt unter der Lupe an, um eine endgültige Vorstellung von Wärme zu erhalten.

Die Welt unter der Lupe

Abb. 4.2: Lupe

Bewegst du deine Hand rasch durch die Luft (Vorsicht: Achte auf deinen Nebenmann), dann spürst du etwas auf der Handoberfläche: Luft!

Vor ca. 2400 Jahren entwickelte bereits der griechische Philosoph Demokrit die Vorstellung, dass alle Körper aus kleinsten unteilbaren Teilchen bestehen. Diese nannte er Atome und diese Vorstellung teilen wir heute noch.

Diese Vorstellung nennen wir **Denkmodell**. Wir können die kleinsten Teilchen auch heute mit Supermikroskopen noch nicht direkt sehen, sondern müssen uns vorstellen bzw. denken, wie diese Teilchen die Eigenschaften unserer Welt bestimmen.

Alle Körper sind aus kleinsten Teilchen aufgebaut, die in ständiger Bewegung sind, die sich bei geringem Abstand gegenseitig anziehen, sich aber abstoßen, wenn sie aufeinander treffen. Dies ist das Teilchenmodell, das du vielleicht schon aus der Chemie kennst.

Ein Modellauto kannst du mit dem Original (z.B. einem Ferrari-Modell) vergleichen und feststellen, wie gut das Modell gelungen ist. Solche Modelle nennt man **Real-Modelle**.

Wenn wir uns Luft vorstellen wollen, können wir dies nicht. Da hilft uns dann das Teilchenmodell wirklich weiter.

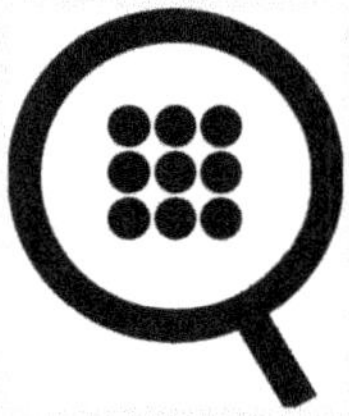

Abb. 4.3: fester Zustand

Feststoff

Geringer Teilchenabstand, die ortsfesten Teilchen schwingen um die Ruhelage hin und her.

Abb. 4.4: flüssiger Zustand

Flüssigkeit

Geringer Teilchenabstand, die Teilchen sind gegeneinander verschiebbar.

Abb. 4.5: gasförmiger Zustand

Gas

Relativ großer Teilchenabstand, die Teilchen bewegen sich völlig frei und regellos im Raum.

Stelle dir nun vor, ein kleiner Stein liegt im Hochsommer vor dir im Licht der Sonne. Du stellst fest, dass dieser sich im Laufe des Tages erwärmt. Es ändert sich seine innere Energie. Die Temperatur steigt im Stein, folglich nimmt auch seine innere Energie zu.

Im Teilchenmodell erklären wir dies durch eine unregelmäßige Zunahme der Hin- und Herbewegung der Teilchen. Diese **Zunahme der Teilchenbewegung** kannst du als **Wärme** deuten.

Nimmst du den Stein in die Hand und schleuderst ihn in die Luft, dann werden **alle Teilchen in eine Richtung** (mit dem Stein) geschleudert. Jetzt verrichtest du **Arbeit**.

Gemeinsamkeiten und Unterschiede

Änderst du die äußere Energie eines Gegenstandes, so verrichtest du Arbeit.

Die Energie, die bei der Berührung eines heißen Körpers mit einem kalten Körper von selbst überwechselt, heißt Wärme.

Wie ich Energie und Wärme messe

Energie, Arbeit und Wärme wird in der Einheit Joule (J) gemessen. Das Maßband für die Energie ist das **Joule.**

Hebst du eine Tafel Schokolade vom Boden einen Meter hoch auf, dann verrichtest du die Arbeit 1 Joule.

In der Formelschreibweise lautet dies: W = 1 J, wobei W für **work** (englisch für Arbeit) steht.

1 Liter Wasser um 1° C zu erwärmen, erfordert die Wärme von 4186 Joule.

Die Formelschreibweise lautet hier dann : W = 4186 J = 4,186 kJ.

Wie viel Energie steckt in dir drin

Nährstoff	Innere Energie pro Gramm (J/g)
Fette	40000
Zucker	20000
Eiweiße	17000

Wie viel Energie in Nahrungsmitteln steckt, kannst du der Packung entnehmen. Wundere dich nicht, wenn du dort nicht Zahlenangaben mit der Einheit Joule (J) findest. Die Wärme, die beim Verdauen von Nahrungsmitteln (Schokoriegel zum Beispiel) in unserem Körper freigesetzt wird, wird noch häufig **in Kalorien** angegeben.

Was Kalorien sind

Die Kalorie ist eine Energieeinheit, die von Physikern nicht mehr verwendet wird. Es gibt aber einen Zusammenhang zwischen **Kalorie** und **Joule.**

Um 1 g Wasser um 1° C zu erwärmen, brauchst du 4,19 J (Joule) oder 1 cal (Kalorie).

Achtung, oft werden die Energien in Tausender-Päckchen angegeben. 17 kJ entsprechen dann 17000 J.

Als Größengleichung: 17 kJ = 17000 J

Zusammenfassung

In diesem Kapitel hast du gelernt, dass sich Energieformen umwandeln lassen. James Prescott Joule (1818–1889), Bierbrauer in der Gegend von Manchester, war es, der sich in seiner Freizeit mit Physik befasste und die Umwandlungen der Energieformen entdeckte. Außerdem hast du

- erfahren, dass die Teilchenbewegung für Arbeit oder Wärme verantwortlich ist
- gelernt, dass ein heißer Stein eine größere innere Energie besitzt als ein kalter Stein
- gelernt, dass ein ruhender kalter Stein weniger äußere Energie besitzt als ein fliegender kalter Stein
- gelernt, dass die Energie 1 Joule zweierlei bedeuten kann

Fragen und Aufgaben

1. Übe, mit einem Jo-Jo zu spielen. Welche Formen von Energie treten hier auf?
2. Schau dir verschiedene Lebensmittelverpackungen (auch Süßigkeiten) genau an. Dort findest du Angaben über deren innere Energie.
3. Wie viele Tafeln Schokolade musst du einen Meter anheben, um 1 Gramm (1 g) Fett zu verlieren?
4. Bei einem schwer beladenen Lastwagen erhöht sich die Temperatur der Luft bedenklich in den Reifen nach schneller Fahrt. Findest du eine Erklärung?

5 Auf das Gewicht kommt es an

Bericht des Astronauten Neil Armstrong nach Rückkehr von der ersten bemannten Mondlandung: »Auch mit den veränderten Schwereverhältnissen (Gewichtskräften) mussten wir erst einmal vertraut werden. Auf dem Mond fände es ein Astronaut gar nicht so schwierig, Sprünge von bis zu sechs Metern Höhe zu machen. Aber er darf nicht vergessen, dass die Masse seines Körpers die gleiche bleibt. Der Aufprall auf einen Mondfelsen würde genauso wehtun wie der Aufprall auf einen Felsbrocken hier auf der Erde.«

In unserer alltäglichen Sprache wird zwischen Masse und Gewicht oft nicht unterschieden. Dieser Fehler (auch Neil Armstrong macht diesen Fehler) spielt in unserem täglichen Leben aber auch keine große Rolle. Ich denke, du möchtest schon den Unterschied zwischen »Dick sein« und »Stark sein« kennen lernen. Dazu erfährst du in diesem Kapitel einiges über

- den Kraftbegriff
- die Möglichkeiten, Kräfte zu messen
- Gewichtskräfte auf der Erde und anderen Himmelskörpern
- das Schwersein und Trägsein

Für die folgenden Experimente brauchst du Gummibänder, die Schraubenfeder aus einem Kugelschreiber, einen Trinkhalm, ein hohes Trinkglas, Büroklammern und eine unangebrochene Tafel Schokolade.

Befestige eine Büroklammer an einer Tafel Schokolade (am Rande durch das Papier stechen) und hänge diese an die Schraubenfeder.

Wir spielen Fahrstuhl: Schneide einen Gummibandring einmal durch und kürze den Trinkhalm so, dass du das Gummiband durchziehen kannst und die Gummibandenden jeweils aus dem Trinkhalm herausschauen. Verknote die Gummibandenden jeweils mit einer Büroklammer (eine Klammer soll verhindern, dass das Gummi aus dem Halm rutscht) und befestige an der unteren Klammer die Tafel Schokolade. Halte den Trinkhalm nun so, dass die Tafel Schokolade das Gummiband nach unten dehnt. Beobachte jetzt den Abstand zwischen Schokolade und Trinkhalmende, wenn du kräftig den Trinkhalm nach oben ziehst, wenn du den Trinkhalm ganz ganz langsam nach oben ziehst und wenn du den Halm mittelschnell nach oben ziehst und anschließend abrupt anhältst.

Versuche, ein Trinkglas zu kippen, indem du den intakten Gummiring bis zur halben Höhe über das Glas ziehst und die Schraubenfeder seitlich einhakst. Was beobachtest du, wenn du den Gummiring bis zum oberen Rand schiebst und den Kippversuch wiederholst?

Und noch ein Versuch: Male dir auf ein Papier aus deinem Malblock einen Kreis, der das gesamte Blatt bedeckt; markiere auch den Kreismittelpunkt. Rolle von der Seite her eine schwere Murmel (besser noch eine dicke Glaskugel, aber aufpassen – möglichst auf dem Fußboden ausprobieren) auf den Kreis zu und versuche dann mit einem Lineal (kleiner Hammer geht auch), die Murmel auf der Kreisaußenlinie zu halten.

Kennst du den Spruch »Alles fällt nach unten, Gott sei Dank. Wenn es nach oben fallen würde, müssten wir ...« ? Auf der Erde fallen deswegen alle Körper (Gegenstände) nach unten, weil auf diese Körper eine Kraft, die so genannte Gewichtskraft wirkt.

Wenn Physiker von einer Kraft sprechen

Wenn du ein Gummiband oder eine Schraubenfeder dehnst (auseinander ziehst), musst du Kraft aufwenden; um einen ruhenden Fahrstuhl (dies gilt natürlich auch für Fahrzeuge) in Bewegung zu versetzen (Beschleunigen nennen wir dies, kennen wir doch schon) oder einen fahrenden Fahrstuhl abzubremsen, muss eine Kraft auf diesen wirken.

Und was ist mit der Fahrt im Kreis? Um die Kurve zu kriegen, muss man am Lenkrad eines Autos Kraft aufwenden; ein Auto (nicht nur ein Auto, auch die Murmel) möchte von alleine lieber geradeaus fahren.

Physiker haben diese Erscheinungen zusammengefasst und daraus den Kraftbegriff entwickelt.

Kräfte erkennst du nur an ihren Wirkungen. Kräfte können einen Körper verformen, seine Geschwindigkeit vergrößern oder verkleinern, seine Bewegungsrichtung ändern. Die Kraft als physikalische Größe erhält das Formelsymbol F (engl. force).

Wie kannst du dich nun mit deinen Freunden messen, wer die größere Kraft F besitzt (also der Stärkere ist)? Es muss schon wieder ein Maßband her, ein Maßband für die Kraft. Dieses Maßband hast du in den Versuchen mit der Tafel Schokolade kennen gelernt.

Wissenswertes über Kraft und Masse

Eine Tafel Schokolade hat eine Masse m (das ist die Menge der Teilchen, aus der die Schokolade besteht) von etwa 100 g = 0,1 kg. Die Kraft F, mit der die Tafel an einer Schraubenfeder zieht, wird auf der Erde festgelegt als 1 Newton (F = 1 N).

1 Newton ist die Einheit, in der Kräfte gemessen werden, und dazu gibt es Kraftmesser, die unserer Schraubenfeder entsprechen. Hänge ich 2 Tafeln an die Schraubenfeder, wirkt also die doppelte Kraft F = 2 N.

Umrundet man die Erde vom Nordpol aus über Mitteleuropa, dann über den Äquator zum Südpol mit einer Tafel Schokolade an einem genauen Kraftmesser, stellt man auf der Anzeige des Kraftmessers etwas Merkwürdiges fest:

Nordpol	0,983 N
Mitteleuropa	0,981 N
Äquator	0,978 N
Südpol	0,983 N

Heute deutet man die Abnahme und Zunahme der Kraft auf die Tafel Schokolade beim Umrunden der Erde so, dass die Kugel Erde an den Polen etwas abgeplattet bzw. am Äquator etwas bauchiger ist.

Am Äquator sind wir etwas schwerer als am Nord- oder Südpol. Schwersein heißt, die Gewichtskraft der Erde wirkt auf uns.

Von der Gewichtskraft und vom Ortsfaktor

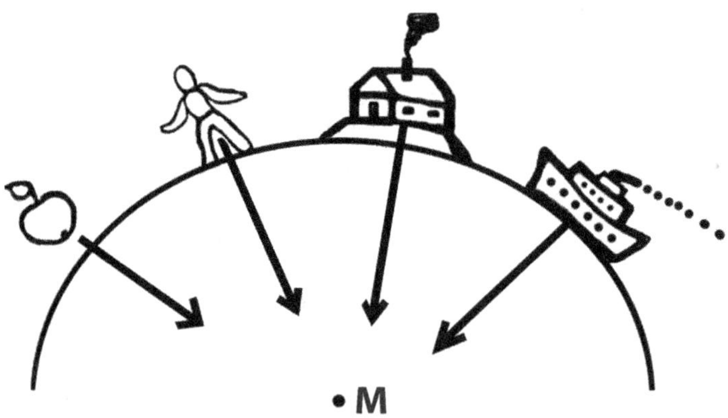

Abb. 5.1: Erdanziehung- Gewichtskraft

Wie du weißt, fallen alle Gegenstände zu Boden. Auf die Gegenstände muss daher eine Kraft wirken. Man nennt sie *die Schwerkraft* oder kurz *das Gewicht* bzw. *die Gewichtskraft.*

Die Ursache der Gewichtskraft ist die gegenseitige Anziehung zwischen Körpern. Die Größe dieser Kraft ist abhängig von der Masse und der Entfernung zwischen den beteiligten Körpern. Die Erde zieht alle Massen in Richtung Erdmittelpunkt (natürlich, sonst würdest du ja auf der Südhälfte der Erde herunterfallen).

Die Gewichtskraft auf der Erde ist stets zum Erdmittelpunkt gerichtet.

Auch die rollende Murmel kann nur auf einer Kreisbahn geführt werden, wenn du ständig mit dem Lineal in Richtung Kreismittelpunkt stößt.

Wenn das mit der Massenanziehung stimmt, müsste doch die Gewichtskraft auf unsere Tafel Schokolade auf einer Reise von der Erde direkt zum Mond abnehmen, ohne dass sich dabei die Masse m (falls nicht ein hungriger Astronaut daran knabbert) ändert. Machen wir uns doch auf diese Reise, wir starten irgendwo in Mitteleuropa (in Osnabrück, dort lebt der Autor dieses Buches) und beobachten die Anzeige des Kraftmessers:

Gewichtskraft in N	Entfernung von der Erdoberfläche in km
0,981	0
0,33	1000
0,568	2000
0,308	5000
0,149	10000
0,012	50000
0,004	100000
0,002	400000

Befindest du dich auf der Höhe des Mondes, wirkt nur noch 2/1000 der Gewichtskraft Erde auf dich.

Achtung: Bei dieser Betrachtung ist die Masse des Mondes noch nicht berücksichtigt worden. Das wollen wir jetzt nachholen, indem wir einen so genannten Ortsfaktor einführen.

Auf der Erde erfährt eine Masse von m = 1 kg (Tüte Zucker oder Mehl) eine Gewichtskraft von ungefähr 10 N.

Himmelskörper mit anderen Massen (Sonne, Mond, ...) rufen an der Tüte Zucker oder Mehl andere Gewichtskräfte hervor. Die Gewichtskraft ist also vom Ort abhängig.

Dazu hat der Physiker den Ortsfaktor g (der auch Erdbeschleunigung genannt wird) eingeführt. Auf der Erde beträgt dieser für Mitteleuropa g = 9,81 N/kg.

Berechnen lässt sich die Gewichtskraft durch die Formel $F = m \cdot g$. Hier bedeutet g Ortsfaktor (nicht mit Gramm verwechseln) und m Masse.

Ortsfaktoren im Universum

Himmelskörper	Ortsfaktor in N/kg
Merkur	3,70
Venus	8,87
Erde	9,81
Mars	3,73
Jupiter	24,9
Saturn	11,1
Uranus	9,0
Neptun	11,4
Pluto	0,17
Sonne	274
Mond	1,62

Die Gewichtskraft auf der Sonne ist ungefähr 28 Mal so groß wie auf der Erde, eine Tüte Zucker würde 28 Mal so stark (eben wie 28 Tüten) nach unten ziehen. Im Gegensatz dazu beträgt die Gewichtskraft auf dem Mond nur ca. 1/6 der Gewichtskraft auf der Erde.

Neil Armstrong irrt, wenn er meint, ein Sturz auf dem Mond würde genauso schmerzen wie auf der Erde. Schau dir dazu die folgende Beispielrechnung an.

Wir nehmen einmal an, Neil Armstrong hat eine Masse von m = 75 kg.

Auf der Erde wirkt dann:

$$F = m \cdot g_{Erde} = 75\ kg \cdot 9{,}81\ \frac{N}{kg} = 735\ N$$

Wechseln wir nun auf den Mond:

$$F = m \cdot g_{Mond} = 75\ kg \cdot 1{,}62\ \frac{N}{kg} = 121{,}5\ N$$

Wie du leicht nachvollziehen kannst, ist die Kraft, die uns eventuell zum Sturz führt, nur noch 1/6 der Gewichtskraft auf der Erde.

Alle Körper sind träge

Abb. 5.2: Eine Fahrt im Fahrstuhl

Schau dir jetzt einmal die Abbildung der Fahrstuhlfahrt an. Das Gewichtsstück (besser Massestück) hat eine Masse von 1 kg und somit eine Gewichtskraft von ungefähr F = 10 N.

Startet der Fahrstuhl, zeigt der Kraftmesser mehr an und wir selbst spüren, wie wir in die Knie gehen. Wir wollen unseren ursprünglichen Bewegungszustand der Ruhe beibehalten. Man sagt, wir haben ein gewisses Beharrungsvermögen, wir sind träge (sind wir das auf eine andere Art nicht alle?); diese Trägheit erfordert eine zusätzliche Kraft von 2 Newton.

Wird der Fahrstuhl abgebremst, haben wir das Bestreben, den Zustand der Fahrt beizubehalten. Wir haben das Gefühl, leichter zu werden; nun wirkt eine um 2 Newton verminderte Kraft auf uns.

Körper großer Masse haben großes Beharrungsvermögen: »Masse macht träge«.

In einem Science-Fiction-Film genügt der Knopfdruck des Kommandanten, um das Raumschiff in Bewegung zu setzen. Keiner im Kommandoraum muss sich festhalten. Im Weltraum herrscht praktisch keine Gewichtskraft, trotzdem muss ein Raketenmotor eine um so größere Kraft auf das Schiff ausüben, je mehr Masse es hat. In der Realität ist ein großes Raumschiff sehr träge.

Ein Körper großer Masse ist also nicht nur schwer, er ist auch träge.

Beispiele für Massen	kg
1 Liter Wasser	1
Mensch	100
Elefant	$10000 = 10^4$
Güterzug	$1000000 = 10^6$
Kölner Dom	$100000000 = 10^8$
Cheopspyramide	10^{10}
Weltjahresverbrauch an Erdöl	10^{12}

Beispiele für Massen	kg
Marsmond Phobos	10^{14}
Jährliche Niederschlagsmenge	10^{16}
Lufthülle der Erde	10^{18}
Weltmeere	10^{20}
Mond	10^{22}
Erde	10^{24}
Planetensystem ohne Sonne	10^{26}
Kleiner Stern	10^{28}
Unsere Sonne	10^{30}

Auf den Angriffspunkt kommt es an

Aufräumen in deinem Zimmer ist angesagt. Wie kannst du den Schrank beiseite schieben, ohne dass dieser umkippt? Packst du den Schrank oben an, droht er umzukippen. Er haftet am Boden, eine weitere Kraft verhindert, dass der Schrank beiseite rutscht.

Kräfte, die durch Berührung oder Aufeinandergleiten von Gegenständen entstehen, heißen *Reibungskräfte.*

Diese Reibungskraft kannst du umgehen, indem du selbst deine Körperkraft an einer geschickteren Stelle am Schrank angreifen lässt (also am besten unten an den Füßen). Diese Erfahrung hast du sicher bei dem Versuch gemacht, das Trinkglas zu verschieben.

Abb. 5.3: Kneifen-Schieben-Kippen

Geschickt Kräfte an Gegenständen angreifen lassen bedeutet, dass die Wirkung einer Kraft nicht nur von deiner Stärke (der Physiker nennt dies den Betrag einer Kraft), sondern auch von der Richtung und dem Angriffspunkt der Kraft abhängt. Viele einfache nützliche Maschinen im Alltag nutzen dies aus (Nussknacker, Schubkarre, ...).

Reibungskräfte können störend sein, aber auch lebensrettend, wenn man an das Abbremsen eines Autos oder Fahrrades denkt. Ohne Reibung gäbe es nirgends Halt. Die Reibung hält den Nagel in der Wand und verhindert das Ausrutschen beim Gehen.

»Ab 80 km/h fahren Sie Wasserski«, warnt eine Hinweistafel an der Autobahn vor überhöhter Geschwindigkeit bei regennasser Fahrbahn. Es

besteht die Gefahr von Aquaplaning. Bei hoher Geschwindigkeit und starken Regenfällen bildet sich unter den Reifen des Autos ein Wasserkeil, der die Reibung so stark heruntersetzt, dass das Auto nicht mehr lenkbar ist. Wegen seiner hohen Trägheit rutscht es geradeaus weiter.

Zusammenfassung

In diesem Kapitel hast du gelernt,

- dass Gewicht und Masse nicht das Gleiche sind
- dass du auf der Erde der Gewichtskraft ausgesetzt bist
- dass die Masse die Größe der Gewichtskraft bestimmt
- dass ohne Kräfte die Trägheit der Gegenstände überwiegt
- dass Kräfte in Newton gemessen werden

Fragen und Aufgaben

1. Eine Murmel auf dem Blatt Papier im Kreis herumführen? Wiederhole diesen Versuch einmal mit deinen Freunden auf dem Schulhof mit einem Fußball.
2. Wie stark Kräfte verformen, untersuchen Techniker in so genannten Crashtests. Neue Fahrzeuge werden unter bestimmten Bedingungen gegen ein Hindernis gelenkt. Dabei treten Kräfte auf, die einem 100- bis 1000fachen Ortsfaktor Erde entsprechen. Berechne die Kräfte, die auf einen Fahrzeuginsassen der Masse m = 80 kg wirken.
3. Berechne die Gewichtskraft, die du auf Erde, Mond, Mars, Jupiter und Sonne erfährst (dazu musst du erst deine Masse auf einer Waage bestimmen).

6

Schwerpunkt und Trägheit im Experiment

In diesem Kapitel werden dir Experimente vorgeschlagen, die du auf Geburtstagsfeiern oder in der Schule vorführen kannst. Du bist nun weitgehend darauf vorbereitet, diese Versuche nicht nur vorzuführen, sondern kannst diese auch erläutern. Nun zu den Experimenten wie

- der verhexte Karton
- der balancierende Knopf
- der schwebende Schmetterling
- die Kerzenwippe
- der Balancierbesen
- die standhafte Münze
- der geteilte Apfel

Als Werkzeug benötigst du Messer, Gabel und Kerzen. Führe diese Versuche bitte nur in Anwesenheit von Erwachsenen durch.

Der verhexte Karton

Klebe in eine Ecke eines leeren Schuhkartons einen faustgroßen Kieselstein und setze darüber aus dünner Pappe einen doppelten Boden, damit man den Stein nicht sieht. Jetzt kannst du den Karton auf dieser Ecke mit deiner Hand balancieren. Du kannst den Karton auch mit dieser Ecke so auf einen Tisch stellen, dass der überwiegende Rest des Kartons über den Tischrand ragt. Ein normaler Karton fällt vom Tisch, wenn du ihn mit einer Ecke auf die Tischkante stellst.

Du hast den Schwerpunkt, der eigentlich in der Mitte des Kartons liegt, in eine Ecke verschoben. Unterstützt du einen Gegenstand im Schwerpunkt, so wird der Gegenstand weder kippen noch sich drehen.

Der balancierende Knopf

Glaubst du, du kannst einen Knopf auf einen Tassenrand legen, ohne dass dieser herunterfällt? Stecke zwei Kuchengabeln (eine von links, die andere von rechts) so auf einen Knopf, dass das Gebilde einem Bumerang mit dem Knopf in der Mitte ähnelt. Legst du nun den Knopf auf den Tassenrand, bleibt er in dieser Lage. Die gebogenen Gabelgriffe, deren Enden besonders schwer sind und seitlich um die Tasse greifen, verschieben den Angriffspunkt genau auf den Tassenrand.

Der schwebende Schmetterling

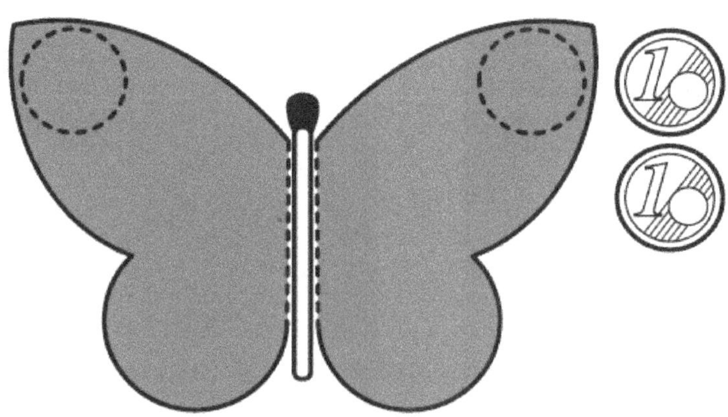

Abb. 6.1: Vorlage Schmetterling

Schneide aus Schreibpapier zwei Schmetterlinge aus wie hier abgebildet. Zünde ein Streichholz kurz an, puste es aus und klebe es mit dem verkohlten Köpfchen nach vorne auf den Schmetterling. Klebe anschließend zwei Ein-Cent-Stücke auf die Flügelspitzen und den zweiten Schmetterling oben auf den ersten. Die Cent-Stücke sollten nicht mehr zu sehen sein. Setze nun den Schmetterling mit seinem Kopf auf einen Finger, auf eine Tischecke oder eine Bleistiftspitze.

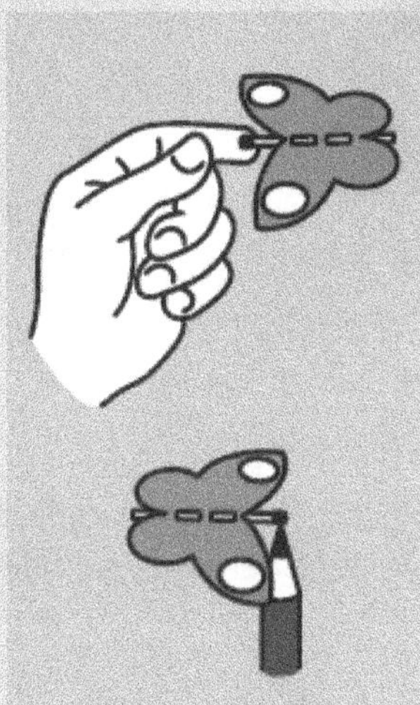

Abb. 6.2: Experimentiervorschlag

Warum schwebt der Schmetterling? Auch hier hast du den Angriffspunkt der Gewichtskraft so geschickt gewählt, dass der Schwerpunkt genau unter dem Auflagepunkt liegt.

Die Kerzenwippe

Bohre eine Stricknadel der Länge nach durch die Mitte eines Flaschenkorkens, stecke quer dazu eine Stopfnadel hindurch (vorsichtig!) und setze auf deren Enden je eine kleine Kerze. Baue nun diese Wippe auf einem Tablett über zwei Gläser auf und sichere sie mit Büroklammern am Rand der Gläser.

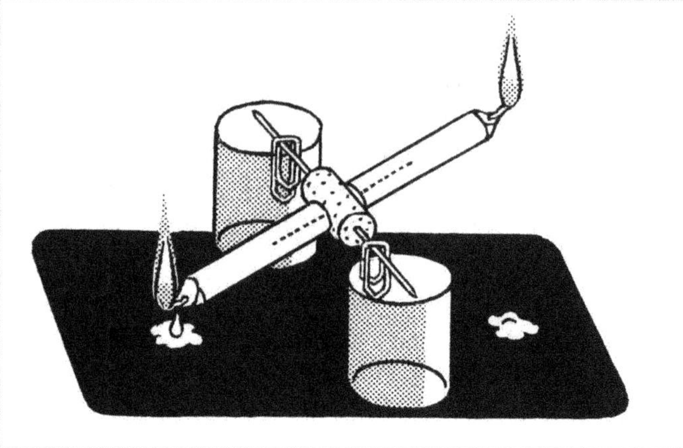

Abb. 6.3: Kerzenwippe

Sie beginnt zu schaukeln, sobald du die Kerzen anzündest. Anfangs liegt der Schwerpunkt der Wippe genau in der Mitte. Sobald aber an einem Ende ein Wachstropfen fällt, verlagert sich der Schwerpunkt zur anderen Seite. Die Kerzen tropfen abwechselnd und der Schwerpunkt wandert von einer Seite auf die andere.

Der Balancierbesen

Lege einen Besen über die Zeigefinger der rechten und linken Hand. Was wird passieren, wenn du die Finger zusammenschiebst? Der Besen fällt am schwereren Ende herunter, oder? Der Stab bleibt im Gleichgewicht, das heißt, der Angriffspunkt aller Kräfte liegt immer genau zwischen deinen Fingern. Hat ein Ende Übergewicht, lastet es stärker auf dem betreffenden Finger. Der weniger belastete Finger kann jetzt vorrücken. Durch das wechselseitige Zusammenwirken von Gewichtskraft und Reibungskraft kann sich der Vorgang so lange wiederholen, bis sich die Finger treffen.

Die standhafte Münze

Abb. 6.4: Schnell muss es gehen

Lege einen Streifen Papier über eine glatte Tischkante und stelle eine 1-Euro-Münze (oder einen Bleistift mit geradem glatten Ende) darauf. Wird es dir gelingen, das Papier zu entfernen, ohne die Münze zu berühren oder umzuwerfen? Ziehst du das Papier langsam fort, fällt die Münze garantiert um. Der Versuch gelingt, wenn das Papier durch blitzschnelles Aufschlagen mit dem Finger entfernt wird. Die Erklärung hast du selbst parat: Durch schnelles Schlagen nutzt du die Trägheit der Münze aus.

Der geteilte Apfel

Abb. 6.5: Vorsicht: Der geteilte Apfel

Schneide mit einem Messer so weit in das Fleisch eines Apfels, dass er beim Anheben auf der Klinge bleibt. Klopfe nun mit dem Rücken eines zweiten Messers gegen die im Apfel steckende Klinge. Nach einigen Schlägen hat sich der Apfel selbst halbiert.

Mit ganz ähnlichen Experimenten hat der italienische Naturforscher Galileo Galilei im 16. Jahrhundert nachgewiesen, dass jeder Körper »träge ist«.

In dem letzten Versuch hindert die Trägheit den Apfel daran, die ruckartigen Bewegungen des Messers mitzumachen. Er schiebt sich selbst langsam auf die Klinge, bis er geteilt ist.

Ruckartige Bewegungen können zu unerwartet hohen Trägheitskräften führen. Deshalb müssen wir uns in Fahrzeugen immer anschnallen.

Fragen und Aufgaben

1. Wiederhole den Versuch »Balancierbesen« mit einem einfachen Stab (das große Tafellineal in der Schule geht auch). Was beobachtest du nun?
2. Große Holzscheite werden mit einer Axt gespalten, indem man die Axt in den Scheit schlägt und anschließend das Scheit mit Axt so zu Boden schlägt, dass die Axt mit ihrer Rückseite zuerst den Boden berührt. Warum ist das so?
3. Übe den Versuch »Die standhafte Münze« und versuche jetzt, die Münze durch einen Bleistift zu ersetzen. Das ist nicht einfach, aber wenn der Versuch dann klappt, macht das mächtig Eindruck.
4. Ein Auto soll abgeschleppt werden. Ein hilfsbereiter weiterer Autofahrer bietet sich an, mit einem Seil das Fahrzeug abzuschleppen. Obwohl das Seil der doppelten Gewichtskraft eines Autos standhält, reißt es bei dem Abschleppversuch. Was hat der hilfsbereite Autofahrer falsch gemacht?

7 Dicke Luft

Was haben Evangelista Torricelli (1608–1647), Otto von Guericke (1602–1686) und Johann Wolfgang von Goethe (1749–1832) gemeinsam? Alle drei beschäftigten sich unter anderem mit der uns umgebenden Luft. Diese Luft ist für uns lebensnotwendig, diese Luft verursacht aber bei rasanter Fahrstuhlfahrt oder bei verschnupfter Nase Ohren- und Kopfschmerzen. Die Luft, die unsere Erde umgibt, lastet auf uns und übt einen gewissen Druck aus.

Luftdruckmessgeräte (so genannte *Barometer*) wurden von Torricelli und von Guericke entwickelt. Nach dem Tode des Dichters Goethe, auch ein Naturforscher, fand sich im Nachlass ein dekorativer Wandschmuck, der seither *Goethe-Barometer* oder auch *Goethe-Wetterglas* genannt wird.

Speziell in den Niederlanden war dieses Gerät seit 1619 sicher bekannt und wurde dort als *Donnerglas* bezeichnet.

Abb. 7.1: Goethebarometer

In diesem Kapitel sollst du erfahren, dass Luft ein Körper ist und dieser Körper auch »messbar« ist.

Wie

- lässt sich der Luftdruck (Schweredruck) erklären
- funktioniert ein Luftdruckmessgerät (Barometer)
- misst man eigentlich Druck
- beeinflusst der Luftdruck unser Wetter

Die Luft ist ein Körper

Versuch 1

Die Luft steckt fest

Setze einen kleinen Trichter (schau dich dazu in eurer Küche um) in die Öffnung einer leeren Flasche und verschließe den Rand mit Knetmasse. Gießt du Wasser in den Trichter, läuft es nicht in die Flasche. Stecke nun einen Trinkhalm, bei dem du das obere Ende mit dem Finger verschließt, durch den Trichter. Hebe nun den Finger an.

Was geschieht, wenn du dich in eine randvoll mit Wasser gefüllte Badewanne legst? Natürlich, das Wasser läuft über.

Wie viel Wasser überläuft, hängt davon ab, wie groß der Raum ist, den du selbst beanspruchst. Der Physiker nennt diesen Raum *Volumen* V eines Körpers. Nicht du selbst in der Badewanne, auch die *Luft* beansprucht ein bestimmtes Volumen.

Versuch 2

Die Taucherglocke

Kannst du ein Taschentuch unter Wasser tauchen, ohne dass es nass wird? Dir gelingt dieser Versuch, wenn du das Taschentuch fest in einen Glasbecher stopfst und diesen Becher mit der Öffnung nach unten vorsichtig in Wasser tauchst.

In Taucherglocken wird diese Eigenschaft von Luft ausgenutzt. Die Luft kann unter Wasser in einem nach unten geöffneten Gefäß nicht entweichen, ein Taucher kann auf dem Grund eines Hafenbeckens an Versorgungsleitungen Reparaturen ausführen und ein Taschentuch in einem Glasbecher bleibt trocken. Genauso wie du eine Masse m hast, hat Luft auch eine bestimmte Masse m. Die Erfahrung zeigt, dass Luft »leichter« als Wasser ist und so nicht aus Taucherglocken entweichen kann. Um Vergleiche anstellen zu können, bezieht man die Masse eines Körpers auf ein bestimmtes Volumen (z.B. wie groß die Masse von einem Liter Wasser oder einem Liter Luft ist).

In der Luft gibt es auch Reibung. Ein luftgefüllter Luftballon bewegt sich mit nahezu gleich bleibender Geschwindigkeit zum Boden, der leere Luftballon fällt wesentlich schneller. Die große Oberfläche des gefüllten Ballons bietet den Lufteilchen genügend Angriffsfläche, um den etwas schwereren Ballon beim Fall abzubremsen.

Versuch 3

Fall eines aufgeblasenen und eines leeren Luftballons

Für diesen Versuch benötigst du zwei gleiche Luftballons (die Farbe kann verschieden sein). Einen Luftballon pustest du auf und lässt anschließend beide aus gleicher Höhe (1 Meter oder besser noch 2 Meter) zu Boden fallen. Der leere Ballon erreicht eher den Boden, obwohl doch im aufgepusteten Ballon mehr enthalten ist.

Die Dichte von Luft

Den Quotient aus der Masse m und dem Volumen V eines Stoffes bezeichnet der Physiker als Dichte ρ. Die Dichte ist von Stoff zu Stoff verschieden.

Die Größengleichung: $\rho = \frac{m}{V}$ Einheit: $\frac{g}{L}$ (Gramm pro Liter)

Schau dir die Werte der Dichten einmal genau an, indem du die Werte mit der Dichte von Wasser (also 1 Liter Wasser hat die Masse von ungefähr 1 kg) vergleichst.

	Dichte in g/L
Luft	1,29
Wasser	998
Quecksilber	13546
Benzin	700
Holz (Eiche)	700
Ziegelstein	1500

Luft hat eine viel geringere Dichte als Wasser; Luft ist ein Gas und möchte in Wasser immer nach oben steigen. So erklärt sich letztendlich die Funktionsweise der Taucherglocke. Die geringere Dichte der Luft führt dazu, dass die Luft sich »oben« in der Glocke sammelt.

Wie der Luftdruck entsteht

Müsste Luft denn nicht die Erde verlassen bei einer so geringen Dichte? Die Erfahrung zeigt dir, dass die Erde von einer Lufthülle, der Atmosphäre, fest umschlungen ist.

Da Luft ein Körper mit einer Masse ist, erfährt diese Luft auf der Erde eine Gewichtskraft, wie alle anderen Körper auch. Luft fällt praktisch zur Erdoberfläche und sammelt sich dort.

Versuch 4

Luft wegdrücken

Verschließe mit dem Daumen die Öffnung deiner Fahrradpumpe. Schiebe den Griff hinein. Die Luft lässt sich zusammendrücken, am Daumen spürst du eine Kraft.

Im Gegensatz zu Gestein ist Luft komprimierbar, Luft lässt sich wie jedes andere Gas auch zusammendrücken. Die Gewichtskraft der Luft über uns verursacht einen Schweredruck, den *Luftdruck*. Dieser Luftdruck ist im Gebirge geringer als auf Meereshöhe. Das liegt daran, dass die Dichte der Luft am Boden (hier ist die Luft etwas zusammengedrückt) größer ist als in höheren Lagen (die Luft ist weniger zusammengedrückt).

Wie Druck gemessen wird

Ob ein Druck hoch oder gering ist, können wir nur entscheiden, wenn wir wissen, wie Druck überhaupt gemessen wird.

Physiker nehmen gerne folgendes Beispiel, um die physikalische Größe Druck p zu erläutern: Halte einen frisch angespitzten Bleistift zwischen Daumen und Zeigefinger einer Hand und drücke kräftig zu. Aua, obwohl du mit den Fingern jeweils die Kraft erzeugst, schmerzt doch nur die Spitze des Bleistifts. Die Auflagefläche der Bleistiftspitze ist aber viel geringer als das stumpfe Ende des Bleistifts.

Hilfreich zum Verständnis von Druckangaben ist folgende Tabelle:

Der Druck p

Verteilt man 1 Tafel Schokolade auf einer Fläche A von 1 Quadratmeter, so herrscht ein Druck von $p = 1\ \frac{N}{m^2}$. Erinnerst du dich, die Gewichtskraft einer Tafel Schokolade beträgt ca. F = 1 N.

Die gesetzliche Druckeinheit ist das Pascal (Pa): $1\ Pa = 1\ \frac{N}{m^2}$

Die Größengleichung zur Bestimmung des Drucks: $p = \frac{F}{A}$

Du siehst, die physikalische Größe Druck p wird wieder als ein Quotient zweier Größen (nämlich Kraft F und Fläche A) festgelegt.

In technischen Anlagen hat man es mit sehr hohen Drücken zu tun, dort wird der Druck in »bar« angeben.

Lege dir zehn Tafeln Schokolade übereinander auf deinen Daumennagel mit der Fläche von 1 cm^2, dann herrscht dort der Druck 1 bar:

$$p = \frac{10\ N}{cm^2} = 1\ bar.$$

1 Pa	=	1 N/m^2						
100 Pa	=	1 hPa (1 Hektopascal)			=	1 mbar (1 Millibar)		
1000 Pa	=	1 kPa (1 Kilopascal)						
10000 Pa	=	1 N/cm^2						
100000 Pa	=	10 N/cm^2	=	1000 hPa	=	1 bar	=	1000 mbar

Merke: 1 bar = 1000 hPa

Wind und Wetter

Druckunterschiede in der Luft sind die Ursache für Winde. In Wetterkarten findest du Stellen mit gleichem Luftdruck durch Linien miteinander verbunden (diese heißen *Isobaren*, griech. gleicher Druck). Diese Linien können Hoch- und Tiefdruckgebiete umschließen.

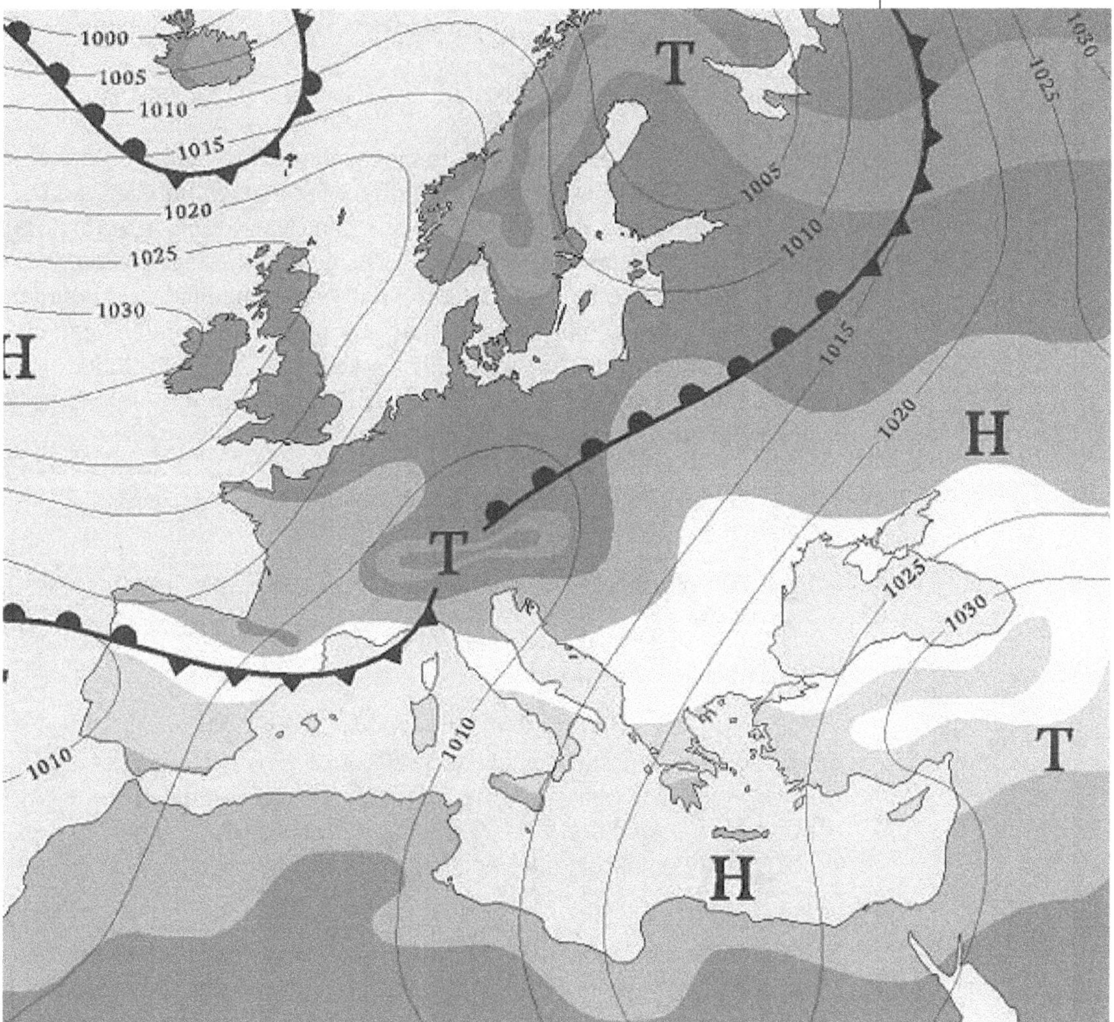

Meistens schwankt der Luftdruck zwischen Werten von 970 hPa und 1030 hPa, normal sind 1013 hPa (Normaldruck, also weder Tief- noch Hochdruck).

Die Luft strömt nicht geradewegs von einem Hoch- zu einem Tiefdruckgebiet. Je nach geografischer Breite drehen sich die Druckgebiete mit der Erde verschieden schnell. Der Wind aus dem Hochdruckgebiet strömt deshalb auf der Nordhalbkugel im Uhrzeigersinn aus dem Hoch heraus und gegen den Uhrzeigersinn in ein Tief hinein.

Die berühmten Versuche von Guericke und Torricelli

Lange Zeit war umstritten, ob es in einem Raum, der nichts enthält, ein *Vakuum* gibt. Otto von Guericke ging dieser Frage nach und ließ aus verschiedenen Gefäßen die Luft herauspumpen. Nach einigen erfolglosen Versuchen mit Holzfässern und Metallkugeln, die sich entweder als undicht erwiesen oder mit lautem Knall zusammengedrückt wurden, gelang ihm eine stabile Konstruktion aus glatt aufeinander liegenden kupfernen Halbkugeln. Sechzehn Pferde konnten die Halbschalen nicht auseinander reißen. Der Druck, den die Luft von außen auf die luftleeren Halbkugeln ausübte, war und ist ungeheuerlich.

Versuch 5

Luft hält Wasser fest

Achtung: Diesen Versuch nur über der Küchenspüle oder einem Waschbecken durchführen.

Fülle ein hohes schmales Trinkglas randvoll mit Wasser und bedecke den oberen Rand mit der glatten Seite einer Postkarte so, dass zwischen Karte und Wasser keine Luft mehr ist. Drücke die Karte leicht auf den Rand und drehe das Glas um, so dass die Öffnung nach unten zeigt. Jetzt kannst du die Hand von der Karte nehmen.

Der Druck ist so ungeheuerlich, dass er in deinem Experiment die Postkarte auf das Wasser in dem Trinkglas drückt. Zehn Meter hoch könnte das Trinkglas sein, selbst dann würde das Wasser bei Normaldruck noch nicht herausfallen.

Torricelli verwendete Quecksilber (das einzige bei Zimmertemperatur flüssige Metall) in Glasröhren. Die Glasröhren waren einseitig offen und

tauchten mit der Öffnung nach unten in eine Schale mit Quecksilber. Da Quecksilber eine 13,5fach höhere Dichte besitzt als Wasser, steigt in Quecksilber-Barometern die Flüssigkeit statt auf 10 m nur auf

$$\frac{10}{13{,}5}\ \text{m} = 0{,}76\ \text{m}\,.$$

Das Goethe-Barometer

Wie schon zu Beginn des Kapitels erwähnt, diente Goethe ein Wasserglas zur Beobachtung des Luftdrucks.

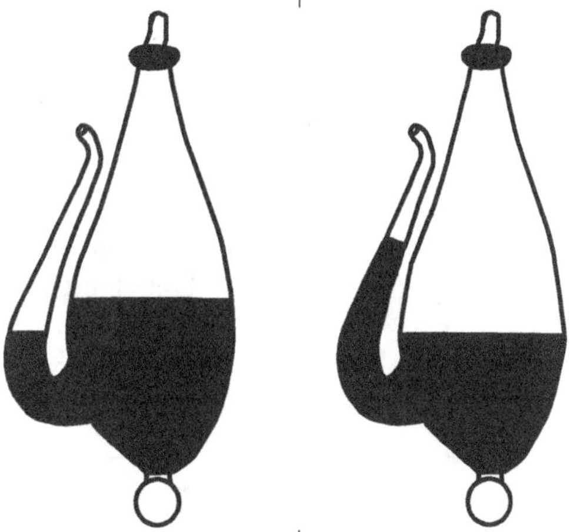

Abb. 7.2: links Hochdruck, rechts Tiefdruck

Bei hohem Luftdruck steht der Wasserspiegel im Schnabel des Barometers tief, bei tiefem Luftdruck hoch, daher auch der Name Kontrabarometer (kontra = gegen).

Das Barometer enthält neben einer gefärbten Flüssigkeit, die als beweglicher Verschluss dient, auch Luft. Du kannst dir nun vorstellen, was mit dieser Luft geschieht, wenn das Barometer bei gleichem Luftdruck einmal über einem Heizkörper und ein anderes Mal im kalten Flur aufgehängt wird.

Richtig, die Luft dehnt sich aus oder zieht sich zusammen (schau dazu noch einmal in Kapitel 4 nach). Das Barometer ist demnach auch ein Thermometer.

Das Gerät ist ein schöner Blickfang, aber ein ungeeignetes Messgerät.

Zusammenfassung

Hättest du gedacht, dass Luft ein Körper ist? Dazu hast du in diesem Kapitel eben etwas dazugelernt, nämlich

- dass Luft, wie jeder andere Stoff auch, Körpereigenschaften hat
- dass die Dichte der Luft in Taucherglocken eine Rolle spielt
- dass der Luftdruck ungeheuerlich sein kann
- dass es unterschiedliche Druckeinheiten wie Pascal oder bar gibt
- dass Luftdruckschwankungen mit Barometern gemessen werden

Fragen und Aufgaben

1. Findest du in deinem Zimmer einen Ort, an dem die Temperatur annähernd konstant ist, dann kannst du dir ein Wetterglas Marke Goethe nachbauen und mit Wettervorhersagen am Frühstückstisch glänzen. Eine leere Kunststoffflasche mit Wasser bis zur Hälfte auffüllen, etwas Tinte oder Lebensmittelfarbstoff hinzugeben und mit einem durchbohrten Korken (durch diesen steckst du einen dünnen Kunststoffschlauch) verschließen; jetzt auf den Kopf stellen, fertig ist das Wetterglas.

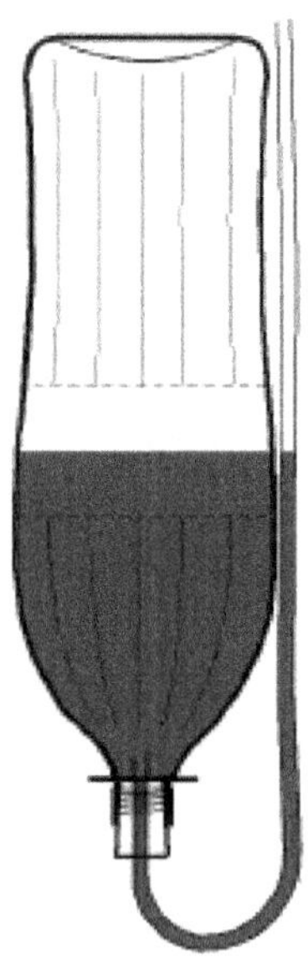

2. Du bist erkältet, die Stirnhöhle sitzt zu. Warum bereitet dir das so arge Kopfschmerzen?

3. Warum merken wir eigentlich nichts von dem »ungeheuren« Luftdruck?

4. Übersetze mit Hilfe physikalischer Größen folgende Erläuterung: Das Wasser, das in einem 10 cm hohen Glas auf jedem Quadratzentimeter des Deckels lastet, wiegt 10 g. Der Druck der Luft von unten beträgt hingegen 1000 g auf jeden Quadratzentimeter.

8

Auf den Spuren von Kapitän Nemo

Tiefer geht es nicht: 11.770 Meter

Der Pazifik ist der tiefste Ozean mit einer durchschnittlichen Tiefe von 4.000 Metern. Der tiefste Punkt ist der »Marianen-Graben« in der Nähe von Guam, zwischen Japan und Neuseeland. 1960 erreichten Jacques Picard und John Walls an Bord der »Trieste« im »Challenger-Tief« eine Tauchtiefe von 10.910 Metern.

Der Marianen-Graben ragt an der tiefsten bekannten Stelle 11.770 Meter hinab, während der Mount Everest nur 8.848 Meter hoch ist. Lässt du eine Bleikugel der Masse 1 kg in den Ozean fallen, würde diese nach einem Fall von nur 64 Minuten den Boden des Marianen-Grabens erreichen.

Wenn der Luftdruck schon ungeheuerlich ist, wie ist denn der Druck in 10 km Tiefe? In diesem Kapitel erfährst du daher,

- wie man untergeht
- wie man unter Wasser an »Gewicht« verliert

- wie man tief taucht
- wie man den Auftrieb berechnet

Wie man untergeht

Eine Bleikugel versinkt im Wasser, weil die Dichte von Blei (11,35 kg/L, das heißt, eine 1-Liter-Milchtüte aus Blei wiegt 11,35 kg) größer ist als die Dichte von Wasser (ca. 1 kg/L). Diese Erkenntnis ist einfach, auch die, dass Gegenstände mit einer geringeren Dichte (zur Dichte siehe Kapitel 7) als Wasser schwimmen.

Salzwasser hat eine wesentlich höhere Dichte als Leitungswasser und durch diesen Trick erreichst du, dass ein Ei auf Wasser schwimmt oder, wenn du Salz- und Leitungswasser geschickt übereinander schichtest, scheinbar schwebt.

Versuch 1

Gewichtsabnahme

Dies ist ein Versuch, den du besser draußen ausführen solltest. Suche dir einen Ziegelstein, den du gerade noch gut heben kannst. Tauche diesen nun in eine große Wanne mit Wasser. Er scheint an Gewicht zu verlieren.

Versuch 2

Schwimmen-Schweben-Sinken

Fülle drei Einmachgläser mit Wasser und lege in jedes ein Ei. Zur Überraschung schwimmen die Eier in unterschiedlicher Höhe. Das geht nur dann gut, wenn du die Gläser vorher präpariert hast. Glas 1 enthält einfach Leitungswasser, dort sinkt das Ei zu Boden. Im Wasser von Glas 2 sind drei Esslöffel Kochsalz aufgelöst. Das Ei schwimmt an der Oberfläche. Glas 3 wird zunächst nur zur Hälfte mit Wasser gefüllt und mit zwei Esslöffel Kochsalz versetzt, bis sich alles gelöst hat. Dann wird mit Hilfe einer Soßenkelle das Glas vorsichtig mit Leitungswasser aufgefüllt (das Salz- und das Leitungswasser dürfen sich nicht vermischen). Gibst du ein Ei hinzu, schwebt es im Glas 3.

Schon die alten Griechen ...

Im Wasser wie auch in der Luft herrscht ein Schweredruck. Der Schweredruck in Wasser ist noch viel größer als der Schweredruck in der Luft (was glaubst du, ob das wieder an der größeren Dichte des Wassers liegt? Richtig).

Die Kräfte des Schweredrucks lassen dich im Wasser viel leichter erscheinen. Sie wirken von allen Seiten auf dich oder einen untergetauchten Stein. Die Kräfte in größerer Tiefe sind höher als die Kräfte in geringerer Tiefe. Das Ergebnis ist eine noch oben gerichtete Auftriebskraft F_A, kurz Auftrieb genannt.

Die griechische Naturphilosoph Archimedes (um 250 v. Chr.) hatte dies bereits erkannt.

Satz des Archimedes

Der Auftrieb (die Auftriebskraft also) ist so groß wie die Gewichtskraft der verdrängten Flüssigkeit.

Versuch 3

Wie groß ist deine Faust?

Stelle ein Gefäß (ein Litermaß) zu 3/4 mit Wasser gefüllt auf eine Küchenwaage und notiere dir die Anzeige. Tauche nun deine Faust hinein, ohne das Gefäß zu berühren und Wasser überlaufen zu lassen. Zeigt sich beim Eintauchen eine Anzeigezunahme von 300 g, so besitzt deine Faust ein Volumen von 300 cm^3.

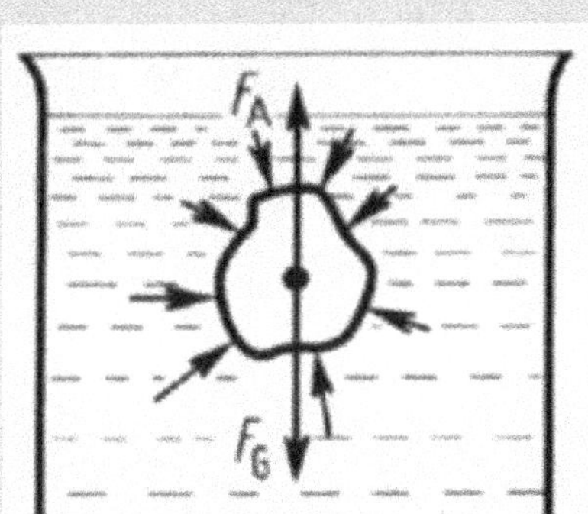

Abb. 8.1: Kräfte beim Auftrieb

Schauen wir einmal einem Physiker über die Schulter, wie er jetzt mit dem Satz des Archimedes umgeht:

Berechnung der Auftriebskraft

Ein Gegenstand (Mini-U-Boot) habe die Masse m = 175 g. Beim Untertauchen stellst du fest, dass m_A = 225 g Wasser verdrängt werden. Wird dieses Boot sinken, schweben oder schwimmen?

Gewichtskraft: $F = m \cdot g = 0{,}175\ \text{kg} \cdot 9{,}81\ \frac{\text{N}}{\text{kg}} = 1{,}72\ \text{N}$

Auftriebskraft: $F_A = m_A \cdot g = 0{,}225\ \text{kg} \cdot 9{,}81\ \frac{\text{N}}{\text{kg}} = 2{,}21\ \text{N}$

Auftrieb: $F_A - F = 2{,}21\ \text{N} - 1{,}72\ \text{N} = 0{,}49\ \text{N}$

Da die Auftriebskraft in diesem Beispiel größer ist als die Gewichtskraft des U-Bootes, wird das U-Boot nicht tauchen, sondern schwimmen (auftauchen).

Vom Tauchen

Versuch 4

Froschmänner

Für dieses Experiment brauchst du eine durchsichtige PET-Flasche (viele Limonaden mit Kohlensäure werden jetzt in diesen Flaschen ausgeliefert). Die Flasche füllst du jetzt bis über den Rand mit Wasser und wirfst 4 bis 5 abgebrochene Streichholzköpfe hinein. Verschließe die Flasche mit dem Schraubdeckel, ohne dass Luft in der Flasche zurückbleibt. Drückst du nun auf die Flasche, gehen die Froschmänner auf Tauchstation. Je nach Stärke des Fingerdrucks tauchen diese auf und unter oder schweben frei im Wasser.

Abb. 8.2: Taucher

Hast du schon einmal versucht, im Schwimmbad im Sprungbecken auf 3 m Tiefe zu tauchen? Das klappt gar nicht so gut, du musst dich tüchtig anstrengen.

Das liegt einerseits an der Auftriebskraft, die wir durch unsere Verdrängung verursachen, andererseits an dem zunehmenden Schweredruck im Wasser, der zu dem in unserer Lunge herrschenden Luftdruck (nehmen wir mal einen Luftdruck von 1000 hPa an) hinzukommt.

Tiefe	Schweredruck	Druck in der Lunge		
0 m	0 bar = 0 hPa	1000 hPa		
10 m	1 bar = 1000 hPa	1000 hPa + 1000 hPa	=	2000 hPa
20 m	2 bar = 2000 hPa	2000 hPa + 1000 hPa	=	3000 hPa
30 m	3 bar = 3000 hPa	3000 hPa + 1000 hPa	=	4000 hPa
50 m	5 bar = 5000 hPa	5000 hPa + 1000 hPa	=	6000 hPa
100 m	10 bar = 10000 hPa	10000 hPa + 1000 hPa	=	11000 hPa
10.000 m	1000 bar =1000000 hPa	1000000 hPa + 1000 hPa	=	1001000 hPa

Tauchst du mit Schnorchel, Flossen und Taucherbrille in die Tiefe ab (10 m), so wird dein Brustkorb aufgrund des zunehmenden Druckes zusammengedrückt, und zwar so stark, dass die Luft in der Lunge und in den Atemwegen den des umgebenden Wassers annehmen (hier dann also schon doppelter Luftdruck).

Wie tief kann ich mit einem Schnorchel tauchen?

Ganz schön tief, aber ist das auch gesund? Gängige Schnorchel lassen eine Tauchtiefe von 30 cm zu. Um etwas größere Tiefen zu erreichen, könnte man daran denken, sich einen längeren Schnorchel (z.B. einen Schlauch der Länge 5 m) zu besorgen. Wie die folgende Überlegung zeigt, ist dies nicht ratsam und auch gefährlich.

Tauchen mit Schnorchel

Da der Schnorchel eine direkte Verbindung zur Wasseroberfläche herstellt, herrscht in der Lunge nahezu unabhängig von der Tiefe der Druck 1 bar (1000 hPa).

In 0,3 m Tiefe herrscht ein Druck von 1,03 bar (1030 hPa). Dieser äußere Druck wird durch die Körperflüssigkeiten weitergegeben und wirkt auch von außen auf die Lungenbläschen (diese findest du am Ende der Bronchien in der Lunge). Es besteht also ein Druckunterschied von 0,03 bar (30 hPa).

Man weiß heute, dass ein Druckunterschied von 0,06 bar (60 hPa) bereits nach fünf Minuten zu bleibenden Gesundheitsschäden führt, eine Druckdifferenz von 0,04 bar (40 hPa) kann auf Dauer schädlich sein. Beim Tauchen mit einem 30 cm langen Schnorchel liegst du also noch »im grünen Bereich«.

In 5 m Tiefe herrscht im Wasser ein Druck von 1,5 bar, was zu einem Druckunterschied von 0,5 bar (500 hPa) führt. Das ist mehr als das 10fache der Gefährdungsschwelle.

In dieser Tiefe müsste die Muskulatur eine Kraft von ungefähr 4000 Newton aufbringen, um den Brustkorb zu heben. (Vergleiche diesen Wert mal mit der Gewichtskraft deines Körpers.)

Tauchen in große Tiefen

Beim Tauchen in größere Tiefen löst man das Problem mit Pressluftflaschen. Man gibt dem Taucher Luft zum Atmen, die unter dem gleichen Druck steht wie das Wasser der Umgebung. Dadurch wird der Brustkorb nicht mehr zusammengedrückt und es entsteht kein gefährlicher Unterdruck in den Lungen.

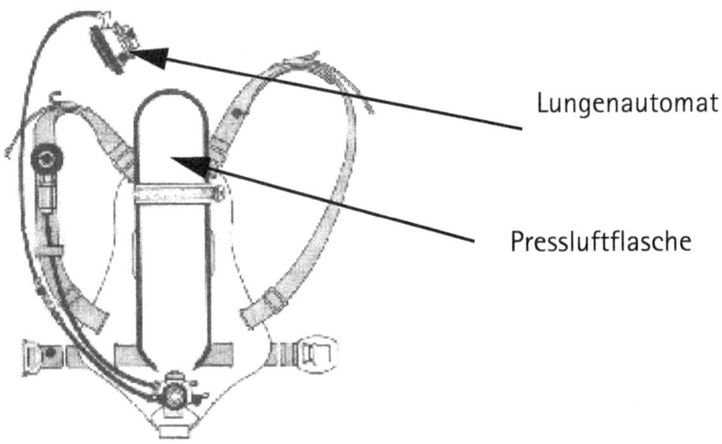

Abb. 8.3: Tauchausrüstung

Die Luft in den Pressluftflaschen hat meistens einen Druck von 200 bar. Ein Lungenautomat sorgt dafür, dass die eingeatmete Luft stets an den Umgebungsdruck angepasst wird.

In 10.000 m Tiefe herrscht ein Druck, der 1.000 Mal so groß wie der Luftdruck ist. Auf einen Quadratzentimeter wirken 1.000 Mal 1.000 g Wasser.

Fragen und Aufgaben

1. Wie groß ist der Druck in 10.000 m Tiefe in Tonnen, der auf einen Quadratzentimeter lastet (ein Mittelklassewagen besitzt etwa die Masse m = 1 t)?
2. Auf ein 5 cm^2 großes Stück der Innenwand eines Autoreifens wirkt eine Kraft von F = 90 N. Berechne den Druck im Autoreifen in Bar und Pascal.
3. In einer Wasserleitung herrscht ein Druck von 4,3 bar. Welche Kraft benötigst du, um mit dem Daumen an einem geöffneten Wasserhahn von 1,4 cm^2 Querschnitt das Ausfließen zu verhindern? Welche Kraft wäre hierzu bei einem Hydrantenanschluss (den benutzt die Feuerwehr) von 25 cm^2 Querschnitt nötig?
4. Scharfe Messer schneiden besser als stumpfe! Was hat dies mit Druck zu tun?

9

Bernsteinelektrizität – Eine geheimnisvolle Anziehung

Autsch, das saß aber. Beim Öffnen der Wagentür hast du einen elektrischen Schlag bekommen. Der Wagen war irgendwie elektrisiert. Diese Erfahrung, einen elektrischen Schlag zu bekommen, haben viele Forscher bereits vor Jahrhunderten gemacht, besonders dann, wenn sie Stoffe wie Bernstein und Seide gegeneinander rieben.

Otto von Guericke (du hast diesen Forscher bereits im Kapitel 7 kennen gelernt) baute 1660 eine Elektrisiermaschine, um Adlige am Hofe zu unterhalten.

»Aus einem lebendigen Körper fahrende Funken machen einen Hauptteil der Belustigung derer Herren und Frauenzimmer aus.«

Er verwendete dazu eine durchbohrte Schwefelkugel, die in Drehung gebracht, mit der Hand gerieben und so elektrisch geladen wurde. Hielt nun jemand mit der einen Hand einen Draht an die Kugel, so konnte er mit der anderen Hand durch Funken Schießpulver entzünden.

Viele wichtige Erkenntnisse über Elektrizität verdanken wir der Barockzeit, als elektrische Experimente ein beliebtes Vergnügen bei Hofe waren und so manches glanzvolle Fest durch geheimnisvolle Funken belebten.

In diesem Kapitel erfährst etwas über

- elektrische Ladung und Isolatoren
- Anziehung und Abstoßung von elektrischen Ladungen
- den Nachweis von Ladungen
- das elektrische Feld
- Gefahren elektrischer Ladungen

Die elektrische Ladung

Schaltest du gegen Abend in deinem Zimmer die Lampe über den Lichtschalter ein, verspürst du keinen elektrischen Schlag. Ziehst du deinen Pullover nach dem Duschen über deine frisch gefönten Haare, hörst du ein Knistern. Unangenehme elektrische Schläge kannst du erhalten, wenn du mit Turnschuhen über Kunststoffböden gegangen bist.

Solche elektrostatischen Aufladungen treten nur bei guten Isolatoren auf. Was haben diese mit Elektrizität zu tun? Die griechischen Naturphilosophen beobachteten, dass der Isolator Bernstein (griechisch: Elektron) nach dem Reiben kleine Seidestückchen anzieht; sie sagten, er wird elektrisch geladen.

Vom Bernstein (griechisch Elektron) leitet sich das Wort »elektrisch« ab.

Weist du eigentlich, was Bernstein ist? Genau gesagt handelt es sich bei Bernstein um Baumharz, das vor Jahrmillionen aus den Wunden von Bernsteinkiefern und anderen Nadelhölzern ausgetreten und an der Luft ausgehärtet ist.

Bernstein ist ein uraltes Material, man kann ihn auch als erstes natürliches Plastik bezeichnen. Bernstein ist sehr leicht. Ein Kubikzentimeter wiegt wenig mehr als ein Gramm. In Süßwasser sinkt er und schwimmt in stark salzhaltigem Wasser. Bernstein ist nicht elektrisch leitend (isoliert also).

Für Versuche ist Bernstein aber zu schade, wir verwenden daher alltägliche Kunststoffe.

Versuch 1

Reibe deinen Kugelschreiber oder Füllhalter aus Kunststoff an deinem Pullover, halte ihn danach über kleine Stückchen Löschpapier. Wiederhole diesen Versuch mit einem großen langen Eisennagel.

Versuch 2

Reibe nun mit einem Wolltuch die durchsichtige Kunststofffolie eines leeren Schnellhefters und öffne den Schnellhefter langsam. Was spürst du?

Versuch 3

Schneide dir aus einem Müllbeutel einen schmalen Streifen zurecht. Falte ihn in der Mitte zusammen und ziehe beide Hälften durch ein Wolltuch. Schon beim Reiben knistert es und die Hälften stoßen sich ab.

Was konntest du nun in diesen Versuchen erfahren? Mal zogen sich verschiedene Körper gegenseitig an und mal stießen sie sich ab. Zwischen ihnen wirkten Kräfte, die sowohl anziehend als auch abstoßend wirken können.

Wir können uns dies so erklären, dass es zwei unterschiedliche Ladungsarten gibt. Jeder Körper ist aus positiven (+) und negativen (-) Ladungen aufgebaut. Ist ein Körper elektrisch neutral, so enthält er gleich viele negative wie positive elektrische Ladungen.

Reibe ich die Kunststoffstreifen des Müllbeutels, so sind beide Streifen gleich geladen; die Papierschnipsel und der Füllhalter sind unterschiedlich geladen.

Es gibt zwei Arten elektrischer Ladung: positive ($\oplus$) und negative ($\ominus$) Ladungen. Zwischen diesen Ladungen herrschen Kräfte. Gleichnamige Ladungen stoßen sich ab, ungleichnamige Ladungen ziehen sich an.

Wichtig ist nun zu wissen, dass ausschließlich die negativen Ladungen beweglich sind, so dass diese das Material sogar verlassen können. Diese negativen Ladungen werden als Elektronen bezeichnet.

Die negativen Ladungen in Materialien bezeichnet man als Elektronen.

Wie kannst du dir nun das Entstehen von positiv geladenen und negativ geladenen Körpern erklären?

Entfernt man Elektronen, so ist ein Überschuss an positiven Ladungen im Material enthalten. Der Körper ist positiv geladen. Führt man dagegen zusätzliche Elektronen zu, so wird das Material negativ geladen.

Elektronenmangel oder Elektronenüberschuss bestimmen also die Ladung eines Materials.

In manchen Materialien sind die Elektronen ziemlich unbeweglich und fest gebunden (das hat etwas mit Chemie zu tun, der Eigenschaft von Stoffen). Diese Materialien nennt man Isolatoren. In Metallen hingegen gibt es freibewegliche Elektronen, die elektrische Ladung von einer Stelle zur anderen »leiten« können. Diese Elektronen nennt man daher auch Leitungselektronen, und die Metalle selbst werden als elektrische Leiter bezeichnet.

Mit dieser Vorstellung (hier lernst du wieder ein Modell zur Erklärung von Beobachtungen kennen) kannst du alle Experimente erklären, wenn du annimmst, dass Ladungen zwar von einem Körper auf den anderen übergehen, aber weder neu entstehen noch verloren gehen.

Berühren zwei Isolatoren einander, so treten an der Berührungsstelle einige Elektronen von einem Körper auf den anderen über. Die Körper sind elektrisch geladen.

Metalle lassen Elektronen abfließen. Metalle können nur elektrisch geladen werden, wenn diese mit einem Isolator verbunden sind.

Presst du zwei Isolatoren einfach aneinander, so berühren sie sich nur an wenigen Stellen, da ihre Oberfläche stets rau ist (das musst du dir durch eine Superlupe vergrößert vorstellen). Reibt man die Materialien dagegen aneinander, so kommen viele Stellen in Kontakt, und mehr Elektronen können ausgetauscht werden.

Reibungselektrizität ist eigentlich Kontaktelektrizität.

Wie ich Ladungen nachweise

Versuch 4

Wiederhole den Versuch 2 und streiche mit der Metallspitze eines Schraubenziehers mit Glimmlämpchen (frage einen Erwachsenen danach; diese Schraubenzieher werden auch Polprüfer genannt) über die Kunststofffolie. Im abgedunkelten Raum siehst du ein Aufleuchten in diesem Schraubenzieher.

In diesen Polprüfern befindet sich eine Glimmlampe.

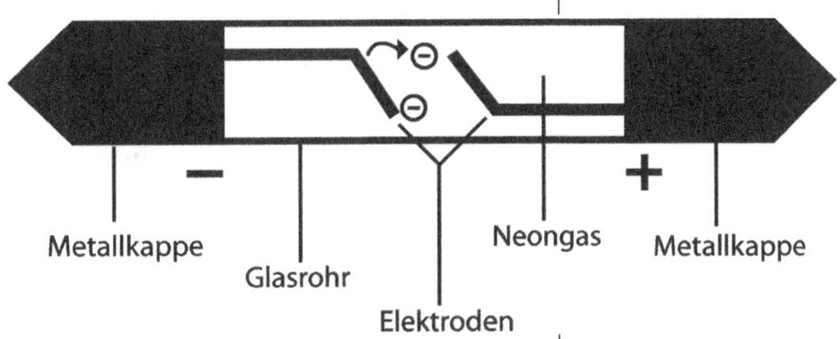

Abb. 9.1: Aufbau einer Glühlampe

Drückst du während des Versuchs kräftig auf das obere Ende des Schraubenziehers, leuchtet die Glimmlampe im Schraubenzieher auf, und zwar nur an einem Ende. Ist die Kunststofffolie negativ geladen, wandern die Elektronen durch den Metallschraubenzieher durch die Glühlampe in deinen Finger (keine Angst, hier können die Elektronen noch keinen Schaden anrichten)

Jetzt bist du ganz schön geladen, oder? .

Bei einer Glimmlampe leuchtet das Gas immer an dem Drahtende auf, das mit dem elektrisch negativ geladenen Material verbunden ist.

Man hat vereinbart, dass Material mit Elektronenüberschuss *Minuspol* und Material mit Elektronenmangel *Pluspol* genannt wird

Welche Gefahr umgibt elektrische Ladung?

Versuch 5

Puste zwei Luftballons auf, lege einen auf den Boden und reibe den anderen kräftig an deinem Pullover (oder mit einem Wolltuch). Nähere nun den aufgeladenen Ballon dem am Boden liegenden, ohne diesen zu berühren. Wie von Geisterhand wird sich dieser Ballon deinem von alleine annähern oder entfernen.

Versuch 6

Klappe deinen leeren Schnellhefter ganz auf und reibe die durchsichtige Folie mit dem Wolltuch. Lege Papierschnipsel auf die nicht behandelte Innenseite und klappe langsam die Folie darüber (halte noch einen Abstand von 2 cm ein). Die Papierschnipsel sollten nun ständig zwischen Folie und Innenseite hin und her hüpfen.

Du hast bereits gelernt, dass geladene Körper Kräfte aufeinander ausüben. Aber auch dann, wenn diese sich nicht berühren?

Über zwei Jahrhunderte wurde dieses Problem diskutiert. Man hielt es für unmöglich, dass Kräfte ohne Kontakt (also Berühren, eine Stange verwenden, eine Antriebskette, ...) übertragen werden. Michael Faraday (1791–1867), ein bedeutender Experimentalphysiker, haben wir die Idee des *elektrischen Feldes* zu verdanken.

Danach nehmen wir an, dass geladene Gegenstände ihre Umgebung so verändern, dass auf andere geladene Körper Kräfte ausgeübt werden. Diesen Wirkungsbereich nennen wir *elektrisches Feld.*

Geladene Körper erzeugen in ihrer Umgebung elektrische Felder, in denen andere geladene Körper Kräfte erfahren.

Wie du in deinen Experimenten beobachten konntest, bewegen sich die Papierschnipsel von alleine auf einem bestimmten Weg zum geladenen Gegenstand. Faraday veranschaulichte diese Beobachtung durch die Einführung von Feldlinien. Die Feldlinien sind demnach nichts anderes als die Wege, die die Papierschnipsel nehmen.

Wie Wege zwischen zwei Orten durch Start und Ziel begrenzt sind, beginnen Feldlinien an dem positiv geladenen Körper und enden auf dem negativ geladenen Körper. Mit Hilfe dieser »Idee« lässt sich der Schutz vor starken elektrischen Aufladungen, wie sie durch Blitzeinschlag bei Gewitter möglich sind, erklären.

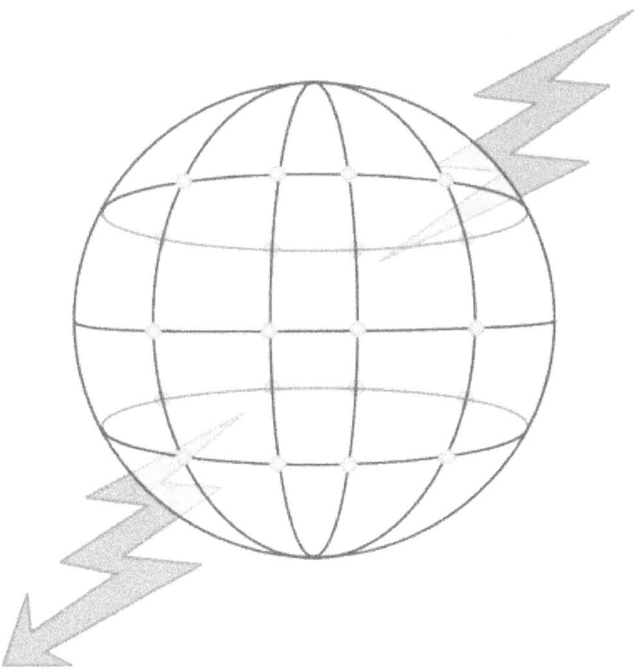

Abb. 9.2: Faradayscher Käfig

Stell dir vor, ein Auto steht auf seinen gummibereiften Rädern im Gewitter. Der Blitz (dieser transportiert Ladungen) schlägt in die Metallkarosserie und lädt diese negativ elektrisch auf. Die gesamte Karosserie besitzt nun ein Überschuss an Elektronen, die sich alle untereinander abstoßen und auf der Außenseite der Karosserie sammeln. Im Innern des Autos fehlt der positive Gegenpol und so kann sich im Innern des Autos auch kein elektrisches Feld ausbilden. Die Folge ist, der Innenraum ist, wie der Physiker sagt, *feldfrei* und es wirken keine elektrischen Kräfte, die schaden könnten.

Die Autokarosserie wirkt wie ein Drahtkäfig und Michael Faraday war es, der sich als Erster in einen solchen Faraday-Käfig setzte und seine abschirmende Wirkung demonstrierte. Übertragungskabel für elektronische Messgeräte, Antennen und Computer sind mit einem Drahtgeflecht umgeben. Dadurch werden Störungen (Aufladungen) durch äußere elektrische Felder abgeschirmt.

Schafft man keinen Schutz gegen elektrische Ladungen, wandern diese Ladungen ab und können dabei ungeheure Wirkung hinterlassen. Bislang haben wir uns nur mit ruhenden Ladungen beschäftigt, das ist die so genannte Elektrostatik.

Die Elektrostatik ist die Erforschung ruhender Ladung.

Zusammenfassung

In diesem Kapitel hast du gelernt

- dass Bernstein in der griechischen Sprache Elektron heißt
- dass alle festen Materialen positive wie negative Ladungen enthalten
- dass Kräfte zwischen den Ladungen herrschen
- dass Isolatoren Elektronen festhalten, Metalle dagegen Elektronen weiterleiten
- dass du mit einer Glimmlampe das Ladungsvorzeichen bestimmen kannst
- dass geladene Gegenstände von einem elektrischen Feld umgeben sind
- dass der Faraday'sche Käfig im Innern feldfrei ist und somit ein Schutz gegen Ladungen darstellt

Fragen und Aufgaben

1. Jemand schaut dir bei den Ladungsversuchen zu und sagt erstaunt: »Du kannst ja Ladungen erzeugen.« Wie müsstest du ehrlicherweise antworten?

2. Lässt du bei Gewitter einen Drachen steigen, besteht Lebensgefahr. Warum?

3. Eine CD wird mit einem weichen Tuch gerieben und über Papierschnipsel gehalten, die auf einem Tisch mit glatter Oberfläche liegen. Die Papierstückchen hüpfen einige Male auf und ab. Erkläre, warum das so ist.

4. Du kannst dir ein einfaches Ladungsnachweisgerät selbst bauen. Bohre in ein trockenes Holzbrettchen (ein altes Holzlineal geht hervorragend) ein Loch so, dass durch dieses genau ein Nagel passt. Durch diese Bohrung steckst du zwei Lamettafäden von ca. 10 cm Länge (ein Baumschmuck zu Weihnachten; gleich lange schmale Aluminiumfolienstreifen gehen auch). Mit dem Nagel klemmst du die Fäden fest. Näherst du dem Nagel einen geladenen Gegenstand, so spreizen sich die Fäden auseinander. Finde eine Erklärung.

10

Die elektrische Strömung und ihre Wirkung

Für uns ist es selbstverständlich, dass überall dort, wo wir sind, elektrischer Strom zur Verfügung steht. Hochspannungsleitungen verteilen den elektrischen Strom an Umspannwerke, von wo es unterirdisch weitergeht bis in unsere Wohnungen und Zimmer. Stromleitungen können wir auch sehen, wenn wir auf die Rückseite von elektronischen Bauteilen aus Computern oder Taschenrechnern schauen. Nicht sehen, aber spüren können Taucher die elektrischen Impulse von elektrischen Fischen.

»Zum Betäuben und Lähmen von Beute können Zitterrochen mit einer Spannung von 90 V bis 800 V und einer Stromstärke von 30 A über 5 ms (Millisekunden) lang aussenden« (aus einem Lehrbuch der Biologie).

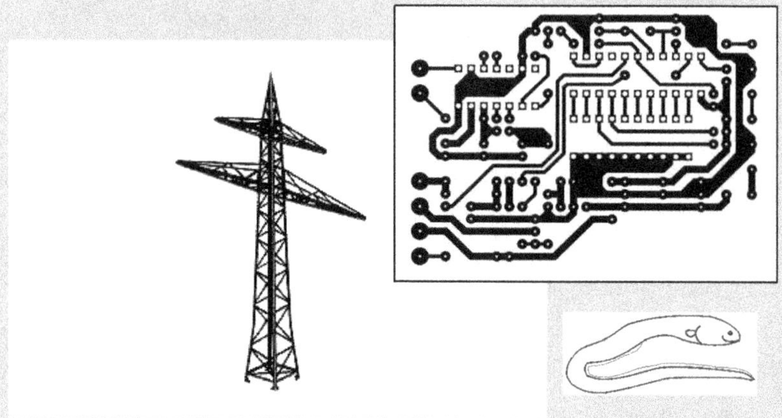

Abb. 10.1: Stromleitungen

Du hast bisher nur ruhende Ladungen betrachtet. In diesem Kapitel will ich zur Untersuchung bewegter Ladungen übergehen. Dabei beschränke ich mich auf die einfachste Bewegungsform von Ladungen in elektrischen Leitern, nämlich auf den Gleichstrom.

Darum lernst du in diesem Kapitel etwas über

- die Festlegung, was man unter elektrischer Stromstärke versteht
- die Wirkungen der elektrischen Stromstärke
- die Gefahren elektrischer Stromstärke
- die unterschiedliche Wirkung ruhender und bewegter Ladung

Versuch 1

Für diesen Versuch benötigst du eine Glühlampe aus dem Vorder- oder Rücklicht eines Fahrrades, eine 4,5-Volt-Flachbatterie (solche Batterien findest du in Elektrogroßmärkten) und eine Kabeltrommel. Nimm die Glühlampe und prüfe mit der Batterie, ob sie leuchtet. Schalte nun das Kabel der Kabeltrommel zwischen Glühlampe und Batterie. Die Glühlampe leuchtet gar nicht oder nur ganz schwach. Ist die Leitung in der Kabeltrommel etwa verstopft?

Die elektrische Stromstärke

In der Grundschule hast du vielleicht schon kennen gelernt, wie eine Schaltung zum Betreiben einer Glühlampe funktioniert. Aus einer Batterie, Zuleitungen, Schalter und Glühlämpchen mit Fassung muss du einen geschlossenen Stromkreis aufbauen.

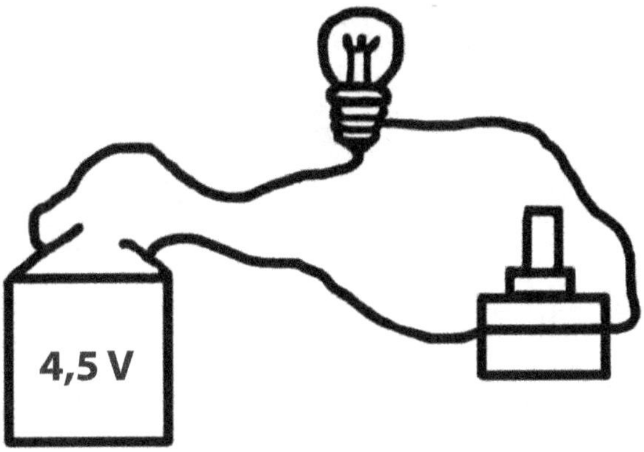

Abb. 10.2: Schaltskizze für einen elektrischen Stromkreis

Was in den kunststoffummantelten Kabeln und in der Glühlampe passiert, kannst du nicht sehen. Du kannst aber die Wirkung des elektrischen Stroms erkennen: Die Glühlampe wird heiß und sendet dabei Licht aus.

> Ob durch eine Leitung elektrischer Strom fließt, erkennst du an seinen Wirkungen.

Wie können wir uns vorstellen, was im Inneren eines Metalldrahtes die Wärmeentwicklung hervorruft?

Schließt du einen elektrischen Stromkreis, so bewegen sich die Elektronen durch das Metall. Dabei wird Ladung von einem Ende des Drahtes zum anderen transportiert. Du kannst diesen elektrischen Strom mit der Strömung von Wasser durch ein Rohr vergleichen. Die Stärke der Strömung beschreibt man in diesem Fall durch die Angabe, wie viele Liter Wasser pro Sekunde durch dieses Rohr fließen.

Ähnlich legt man die elektrische Stromstärke durch die Angabe fest, wie viele Elektronen pro Sekunde durch einen Draht (elektrischen Leiter) fließen.

Versuch 2

Bestimme die Wasserstromstärke an der Küchenspüle, indem du das Wasser aus dem Hahn in die Spüle laufen lässt und dann gleichzeitig ein Litermaß in den Wasserstrahl hältst und eine Stoppuhr startest. Ist ein Liter in den Messbecher gelaufen, stoppst du deine Uhr.

Wiederhole das Experiment, jetzt soll der Wasserhahn aber nur tropfen.

Stromstärke I: $I = \frac{Q}{t}$

Q ist die Ladungsmenge, die in der Zeit t durch einen Draht (durch den Leiterquerschnitt) fließt. Die Einheit der Stromstärke ist 1 Ampere (1 A).

André Ampère (1775–1836) war Physiker und Mathematiker, die Einheit der Stromstärke ist nach ihm benannt.

In unserem Wassermodell entsprechen die Wassertropfen den Elektronen; Tropfen zählen ist anstrengend und daher haben wir die Wassertropfen zu einem »Paket« geschnürt: 1 Liter Wasser. Genauso hat es auch Charles Coulomb (1736–1806) mit den Elektronen gemacht. Er schnürte Ladungspakete, indem er eine sehr hohe Anzahl von Elektronen (genau sind es immer $6{,}25 \cdot 10^{18}$ Elektronen) zu einem Paket schnürte. Diese Ladungsmenge wird 1 Coulomb genannt.

Die Ladungsmenge 1 Coulomb (1 C) entspricht der Anzahl von 6250000000000000000 Elektronen.

Die Stromstärke beträgt also I = 1 A, falls die Ladungsmenge Q = 1 C (1 Coulomb) pro Sekunde (t = 1 s) durch den Leiterquerschnitt fließt.

Außer der Stromstärke ist auch die Stromrichtung in einem Draht wesentlich. Wie du bereits gelernt hast, sind nur die Elektronen (die negativen Ladungen) beweglich. Diese wandern in einem Leiter vom Minuspol der Batterie zum Pluspol. Leider wusste man im 19. Jahrhundert nicht, dass die Elektronen negative Ladungen tragen. Man definierte damals die technische Stromrichtung als diejenige Richtung, in der positive Ladungen transportiert werden, also vom Pluspol zum Minuspol.

Die physikalische Stromrichtung

Elektronen wandern in einem geschlossenen Stromkreis vom Minuspol zum Pluspol.

Vom Standpunkt der Physik ist die Ladung Q diejenige Grundgröße, die für die Elektrizitätslehre (Aufladen von Gegenständen, Wandern und Wirken in Leitungen) maßgebend ist. Messen kann man Ladungen Q nur mit aufwändigsten Apparaturen, dagegen ist die elektrische Stromstärke I ganz einfach festzustellen. Heutzutage findest du genaue Stromstärkemessgeräte zu wenigen Euro im Angebot des Elektrofachhandels.

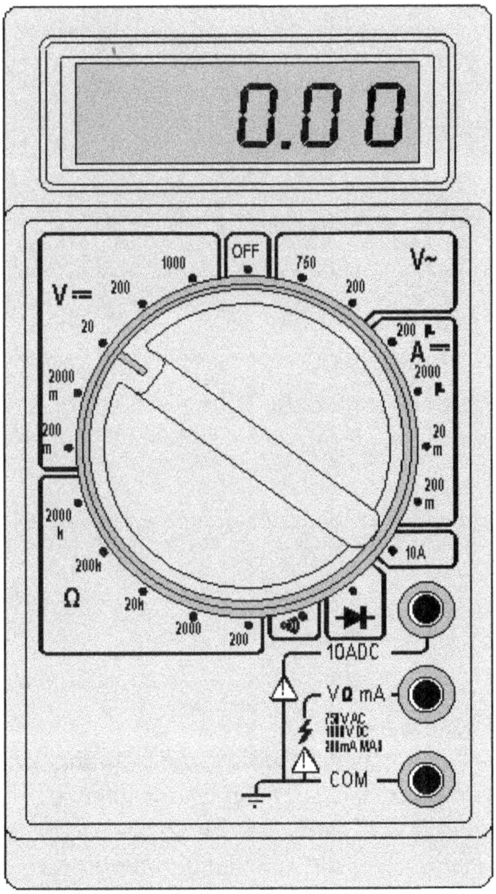

Abb. 10.3: Vielfachmessgerät

Wegen der praktischen Bedeutung der Stromstärke hat man sich entschlossen, nicht das Coulomb, sondern das Ampere als vierte Grundeinheit in das internationale Maßsystem aufzunehmen.

Meter, Kilogramm, Sekunde und Ampere sind die Grundeinheiten, aus denen alle anderen Einheiten in der Physik hergeleitet werden.

Schaut man in physikalische Lehrbücher, findet man für elektrische Geräte daher Angaben der elektrischen Stromstärke.

Armbanduhr, batteriebetrieben	0,001	mA
Glimmlampe	0,1 bis 3	mA
Taschenlampe	0,07 bis 0,6	A
Haushaltsglühlampe	0,07 bis 0,7	A
Heizkissen	0,3	A
Bügeleisen	2 bis 5	A
Autoscheinwerfer	5	A
Elektrischer Ofen	5 bis 10	A
Straßenbahnmotor	150	A
Überlandleitung	100 bis 1000	A
E-Lok	1000	A
Blitz	100000	A

Wie ich elektrische Stromstärke »erzeuge«

Versuch 3

Ich denke einmal, dein Fahrrad ist verkehrssicher und die Lichtanlage funktioniert einwandfrei. Wenn das der Fall ist, kannst du folgenden Versuch durchführen: Der Dynamo wird an den Reifen geklappt, das Rad langsam in Bewegung gesetzt und die Glühlampe im vorderen Scheinwerfer beobachtet. Das Licht flackert.

Der Dynamo liefert einen *Wechselstrom* im Gegensatz zu einer Batterie, die stets einen *Gleichstrom* liefert. Den Gleichstrom hast du schon kennen gelernt. Die Erzeugung von Gleichstrom gelingt mit Batterien recht leicht. Technische Geräte, so genannte Stromgeneratoren, liefern einen elektrischen Strom, der ständig seine Richtung ändert. Für die Wirkung, nämlich die Glühlampe so aufzuheizen, dass diese leuchtet, spielt die Richtung keine Rolle. Ich möchte dir diesen Umstand durch folgende Überlegungen erklären.

Leuchtet in einem geschlossenem Stromkreis ein Glühlämpchen auf, wandern die Elektronen durch die Zuleitungen und den Glühdraht des Lämpchens hindurch. Die positiven ortsfesten Ladungen (das hast du im vorherigen Kapitel gelernt) im Glühdraht, der sehr dünn ist, werden von den Elektronen angestoßen und in Bewegung (Schwingung) versetzt. Die Folge ist nun, dass sich die Temperatur des Drahtes erhöht. Die Elektronen verrichten Arbeit, wenn sie durch den Draht wandern. Du kannst dir wohl vorstellen, wenn es eng wird, der Draht also dünn ist, dass die Elektronen dort mehr Arbeit verrichten, als wenn der Draht dick ist.

Der elektrische Widerstand

Elektronen verrichten in einem Metalldraht Arbeit, so dass dieser sich erwärmt. Dünne Drahte mit einem geringen Drahtquerschnitt (damit ist die Fläche gemeint, auf die du schaust, wenn du einen Draht durchschneidest) erwärmen sich stärker als Drähte mit einem großen Drahtquerschnitt.

Man sagt, ein dünner Draht stellt einen größeren elektrischen Widerstand dar als ein dicker Draht. Ebenso stellt ein langer Draht einen größeren Widerstand als eine kurzer Draht dar.

Der elektrische Widerstand von Gegenständen wird von Physikern als *Strombegrenzer* bezeichnet.

Wandern nun Elektronen durch einen Drahtwiderstand, so ist es unerheblich, ob die Elektronen immer nur in einer Richtung hindurchwandern oder in ständig wechselnder Richtung, wie das beim Wechselstrom der Fall ist. Festhalten können wir, beim Durchwandern des Drahtes verrichten die Elektronen Arbeit und wir stellen dies als eine Wirkung des elektrischen Stroms fest: Der Draht erwärmt sich.

Damit du dir besser die gleiche Wirkung von Wechselstrom und Gleichstrom vorstellen kannst, schau dir einmal die Möglichkeiten an, ein Holzbrett durchzusägen. Eine Kreissäge dreht sich immer in gleicher Richtung und trennt das Brett durch. Eine Bügelsäge muss ständig hin- und herbewegt werden und führt zum gleichem Ergebnis.

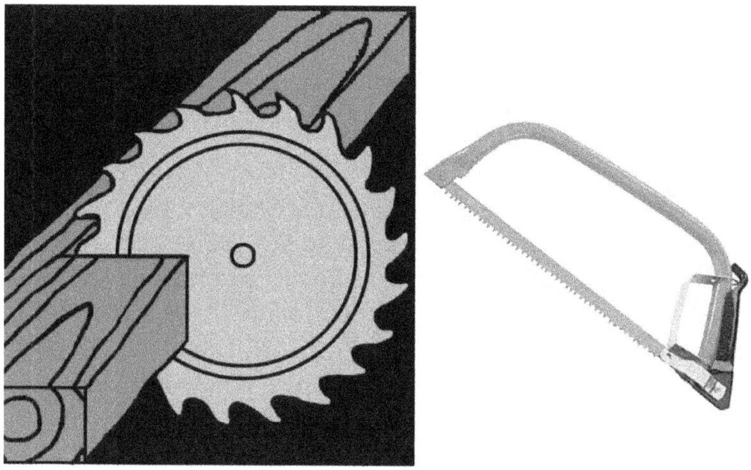

Abb. 10.4: So sägt man

Gleich- und Wechselstrom bewirken in einem elektrischen Stromkreis das Gleiche. Batterien liefern Gleichstrom, Generatoren liefern Wechselstrom.

Wie gefährlich ist elektrischer Strom?

Hast du schon einmal einen elektrischen Schlag an einer defekten Schreibtischlampe erlebt? Das ist doch das Gleiche, als ob ich einen elektrischen Schlag durch Aufladung erleide, wirst du entgegnen. Dass dies nicht so ist, möchte ich in diesem Abschnitt erläutern; dazu brauchen wir ein paar Erkenntnisse über den »elektrischen Widerstand« des menschlichen Körpers.

Fast alle Organe werden durch elektrische Impulse gesteuert, die vom Gehirn ausgehen. Muskelbewegungen werden z.B. durch schwache elektrische Impulse angeregt. Auch das Herz schlägt auf Grund elektrischer Ströme, die es aber selbst erzeugt.

Fließt nun ein von außen kommender Strom durch den Körper, der größer als die körpereigenen Ströme ist, dann verkrampfen sich die Muskeln, die äußere Stromquelle kann dann nicht mehr losgelassen werden. Fließt der Strom über das Herz, versucht dieses, den äußeren Impulsen zu folgen. Es entstehen Rhythmusstörungen oder sogar Herzkammerflimmern, das ohne sofortige Hilfe zum Tod führt.

Gefahr für unser Leben herrscht immer dann, wenn elektrischer Strom durch unseren Körper fließt. Dieser kann zwei Wege nehmen, durch die Muskeln oder durch das Herz.

In unseren Haushalten findest du einen Sicherungskasten, der neben elektrischen Sicherungen für die einzelnen Räume in neueren Häusern auch einen so genannten FI-Schalter (Fehlerstromschutzschalter) enthält. Dieser Schalter unterbricht die elektrische Versorgung im Haushalt, wenn die fehlgeleitete Stromstärke mehr als 40 mA beträgt. Warum dies so ist, verrät dir die folgende Tabelle.

Stromstärke I	Wirkung
bis zu 0,05 mA	bei Berührung mit der Zunge ein Kribbeln
bis zu 1 mA	bei Berührung Kribbeln im Finger (vergleichbar dem »Ameisenlaufen«)
bis zu 5 mA	entstehen nur geringe Einwirkungen
5 bis 15 mA	beginnt das Verkrampfen der Muskeln. Loslassen des Kontaktes ist aber noch möglich.
15 bis 50 mA	wird der Strom für die Herzrhythmussteuerung stark gestört, das Herz arbeitet unregelmäßig und kann gar aussetzen. Die Muskeln der Hände verkrampfen und die Stromquelle kann nicht mehr losgelassen werden.
mehr als 50 mA	tritt praktisch sofort Bewusstlosigkeit ein und Körperteile brennen
mehr als 80 mA	setzt Herzkammerflimmern mit tödlicher Wirkung ein, der Körper verkohlt schnell

Die Wirkung des elektrischen Stroms oder woran ich erkenne, ob in einem Draht Strom fließt

Zwei Wirkungen hast du bereits kennen gelernt. Die Wärmewirkung des elektrischen Stroms zeigt sich in der Glühlampe. Ausgenutzt wird diese in vielen Heizgeräten wie Fön, Heizlüfter oder auch Elektroherd.

Fließt ein elektrischer Strom durch unseren Körper, bewirkt dieser Strom, dass sich in unserem Körper Stoffe bleibend verändern. So einen Vorgang nennt man chemische Reaktion (bleibende Stoffveränderung). Fließt durch unseren Körper ein elektrischer Gleichstrom von einigen Ampere (z.B. $I = 20$ A), dann wird sogar das Wasser in unserem Körper in seine Bestandteile zerlegt und zwar in die Gase Sauerstoff und Wasserstoff (diese Gasmischung wird auch Knallgas genannt). Die hier beschriebene Wirkung des elektrischen Stroms nennt man *chemische Wirkung*.

Versuch 4

Für dieses Experiment benötigst du einen möglichst langen und dicken Nagel (eine entsprechend große Schraube geht auch), einen ungefähr 50 cm langen isolierten Draht (gut eignen sich Kabel, die den Dynamo des Fahrrads mit den Lampen verbinden), eine 4,5-Volt-Flachbatterie und Büroklammern. Wickle den Draht so um den Nagel, dass der Draht wie eine Schraubenfeder aussieht. Verbinde nun kurzzeitig die beiden blanken Enden des Drahtes mit den Anschlüssen der Batterie und halte den Nagel über die Büroklammern. Diese werden wie an einer Perlenschnur vom Nagelende angezogen.

Hast du einen kleinen Kompass zur Hand, kannst du sogar beobachten, dass immer wenn du die Drahtenden mit der Batterie verbindest, die Nadel im Kompass ausschlägt.

Es gibt drei Wirkungen des elektrischen Stroms: Wärmewirkung, chemische und magnetische Wirkung.

Der dänische Physiker Christian Oersted entdeckte 1820 zufällig diesen Effekt. Eine Magnetnadel, die neben einem stromführenden Draht stand, wurde abgelenkt. Damit war gezeigt, dass elektrische Ströme auf Mag-

netnadeln Kräfte ausüben. Die magnetische Wirkung ist die dritte Wirkung des elektrischen Stroms. Heute weiß man, dass die Metalle Eisen, Kobalt und Nickel von einem Magneten angezogen werden.

Oersteds Ergebnisse erregten in Europa ungeheures Aufsehen. Steckt man beispielsweise den stromführenden Draht durch ein Papierblatt und bestreut dieses mit Eisenfeilspänen, so werden die Späne magnetisiert und ordnen sich in Kreisen rund um den Draht an. Die Späne, die jetzt zu kleinen Magneten (Magnetnadeln) geworden sind, veranschaulichen so die Richtung der wirkenden Kraft. Dieses Experiment führt uns dazu, von einem Magnetfeld zu sprechen, das den stromführenden Draht umgibt, das aber auch zwischen den Polen eines Hufeisenmagneten vorhanden ist.

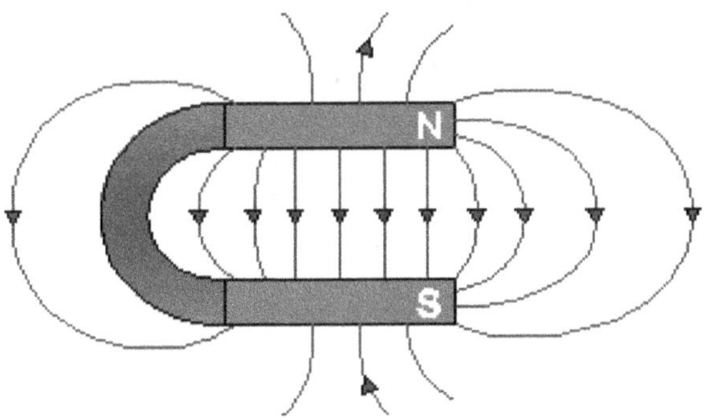

Abb. 10.5: Magnetfeld eines Hufeisenmagneten

Man stellt das Magnetfeld durch Feldlinien grafisch dar. Die Richtung der Feldlinien wird durch die Einstellung einer kleinen Magnetnadel festgelegt. Dort, wo der Nordpol der Nadel hinweist, befindet sich der Südpol des Magnetfeldes.

Nebenbei hast du hiermit die Grundlagen des Magnetismus kennen gelernt.

Ein Magnet (wie die Magnetnadel eines Kompasses) besitzt immer zwei Pole, nach Vereinbarung den Nord- (Rot) und den Südpol (Grün). Gleiche Pole stoßen sich ab, ungleiche Pole (wie Nord- und Südpol) ziehen sich an.

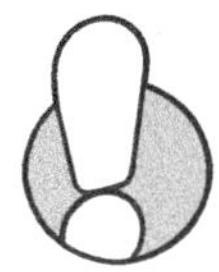

Bereits im 12. Jahrhundert verwendete man Magneteisensteine als Kompass zur Orientierung auf dem Meer und begann, die Eigenschaften von Magneten zu erforschen. Dem Magneteisenstein wurden auch viele wun-

derbare Eigenschaften zugeschrieben: »Der Magnet hat die Kraft, Krankheiten festzuhalten, deswegen muss man ihn auf den Krankheitsherd legen.«

Wie sich ruhende und bewegte Ladungen unterscheiden

Das Experiment von Oersted hatte gezeigt, dass eine Magnetnadel in der Nähe eines stromdurchflossenen Drahtes abgelenkt wird. Oersted war es, der den Unterschied zwischen Bernsteinelektrizität und der vermeintlichen »Elektrizität« von Magneteisenstein aufdeckte.

Wie du bereits gelernt hast, führt das Reiben von Kunststoff mit einem Wolltuch zur elektrostatischen Aufladung; Ladungen werden getrennt und sammeln sich auf dem entsprechenden Gegenstand. Die Umgebung dieser ruhenden Ladung beeinflusst wiederum andere Kunststoffe. Du hast dabei das elektrische Feld kennen gelernt.

Erst bewegte Ladungen (bei uns der stromdurchflossene Draht) bewirken ein Magnetfeld in der Umgebung des Drahtes, so dass magnetisierbare Stoffe wie Eisen angezogen werden. Sind elektrische Ladungen ständig von einem elektrischen Feld umgeben (das kann ganz schön stören; denke mal an die aufgeladenen Haare nach dem Fönen), so kann man das Magnetfeld ein- und ausschalten. Fließt kein elektrischer Strom durch einen Draht, gibt es auch kein Magnetfeld. Diese Eigenschaft wird in der Technik in Form von Elektromagneten genutzt; auf einem Recyclinghof lässt sich so Eisen aus einem Container in den nächsten umsetzen: Elektromagnet einschalten, das Eisen haftet am Magneten; Elektromagnet ausschalten, das Eisen fällt ab.

Magnetfelder lassen sich durch bewegte Ladungen (stromdurchflossene Drähte) erzeugen. Elektrische Felder werden durch ruhende Ladungen (aufgeladene Gegenstände) hervorgerufen.

Zusammenfassung

In diesem Kapitel hast du gelernt,

- dass die Menge von Ladungen in Coulomb angegeben wird
- dass die elektrische Stromstärke tatsächlich als Fließen von Ladungen gedeutet werden kann
- dass der elektrische Strom Wirkungen hinterlässt
- dass es sinnvoll ist, sich auch vor kleinen Stromstärken zu schützen
- dass die Vorstellung von einer »Magneteisensteinelektrizität« im Mittelalter sich als Wirkung bewegter elektrischer Ladung herausstellt

Fragen und Aufgaben

1. Messgeräte zur Erfassung der elektrischen Stromstärke haben eine rasante Entwicklung hinter sich. Was steckt hinter den Begriffen wie: Hitzdrahtamperemeter, Knallgasamperemeter und Drehspulamperemeter?
2. Ein Stromkreis soll an einer Stelle bei zu hoher elektrischer Stromstärke durchschmelzen. Ein sehr dünner und ein dicker Draht stehen dafür zur Verfügung. Für welchen entscheidest du dich?
3. Wende die 12/4-Regel in folgenden Aufgaben an. Wie groß ist die Ladungsmenge Q, wenn in einem Stromkreis eine Sekunde lang die Stromstärke genau ein Ampere beträgt?
4. Bei einem Formel-Eins-Rennen dauert der Boxenstopp 9 Sekunden, dabei werden 89 Liter Benzin getankt. Wie groß ist hier die Benzinstromstärke?

11

Watt ihr Volt

»In den ersten Tagen des Septembers des Jahres 1786, während die Sonne unterging, beobachtete Luigi Galvani zum ersten Male die Bewegungen der an Eisenstäben dieses Geländers aufgehängten toten Frösche.«

Diese Inschrift findet sich auf einer Gedenktafel des Hauses Nr. 29 in der Via Ugo Bassi in Bologna. Der Mediziner Luigi Galvani (1737–1798) hatte durch Zufall beim berühmten Froschschenkelversuch eine neuartige Spannungsquelle gefunden; ein präparierter Froschschenkel zuckte jedes Mal, sobald ein Funke von einer zufällig eingeschalteten Elektrisiermaschine übersprang. Galvani selbst deutete dies fälschlicherweise als *tierische Elektrizität*.

Der Forscher Allesandro Graf Volta (1745–1827) glaubte nicht an diese tierische Elektrizität. Er erkannte, dass die eigentliche Ursache für das Entstehen des elektrischen Stromes in der Berührung der Froschschenkelnerven mit zwei unterschiedlichen Metallen liegt. Nach zahlreichen Versuchen mit Froschschenkeln benutzte er seine Zunge als Muskel. Er legte sich dabei ein Stück Zinn (früher wurde Essbesteck oft aus Zinn hergestellt) und eine Silbermünze so auf die Zungenspitze, dass sich beide berührten. Die Zunge zuckte zwar nicht zusammen, Volta verspürte aber einen eigenartigen säuerlichen Geschmack. Volta schloss daraus, dass man mit Hilfe zweier verbundener Metalle und angesäuertem Wasser eine elektrische Quelle (diese werden wir Batterie nennen) bauen kann.

Spricht man im Alltag über Elektrizität, so ist in der Regel die elektrische Spannung gemeint. Diese elektrische Spannung hängt eng mit der Arbeit beim Verschieben von elektrischen Ladungen zusammen.

Daher lernst du in diesem Kapitel, wie

- eine Spannung mit Hilfe eines Fahrraddynamos erzeugt wird
- das Märchen vom Stromverbrauch entstand
- eine Spannung in einer Batterie erzeugt wird
- elektrische Widerstände im Haushalt geschaltet sind
- die elektrische Spannung und die elektrische Stromstärke die Leistung beeinflusst

Arbeit und elektrische Spannung

Versuch 1

Diesen Versuch kennst du eigentlich schon. Klappe den Dynamo deines Fahrrades an das Rad und drehe erst langsam und dann immer schneller. Die Glühlampe im Vorderlicht leuchtet immer heller auf; dazu musst du aber auch immer kräftiger drehen.

Was geschieht in dem Dynamo, wenn du ihn in Drehung versetzt? Schauen wir doch einfach wieder durch die Physikerlupe. Der Dynamo stellt eine Elektronenpumpe dar. Versetzt du den Dynamo in Drehung, werden Elektronen von einem Pol durch die Glühlampe zum anderen Pol geschoben. In der Glühlampe verrichten diese Elektronen (Ladungen) Arbeit, indem sie die Metallatome im Glühdraht zu Schwingungen anregen und sich dadurch der Draht erwärmt.

Die von Elektronen verrichtete Arbeit W wird beim Durchströmen des Drahtes in innere Energie umgewandelt und erwärmt den Draht.

Indem du an dem Dynamo drehst, verrichtest auch du Arbeit. Diese Arbeit gibst du den Elektronen mit auf ihren Weg durch den Draht. Man kann auch sagen, die Elektronen haben eine bestimmte Arbeitsfähigkeit (die

natürlich von deiner Drehgeschwindigkeit abhängt). Trennst du die Kabel von der Glühlampe (bitte nicht wirklich nachmachen) und drehst weiter am Dynamo, trennst du Elektronen von einem Pol und »schaufelst« diese auf den anderen Pol des Dynamos. Auf dem ersten Pol sitzen arbeitsfähige Ladungen, auf dem zweiten fehlen genau diese. Der Physiker sagt, zwischen diesen Polen herrscht jetzt eine elektrische Spannung.

Unter der elektrischen Spannung U zwischen zwei Polen (dies können die Anschlüsse des Dynamos, einer Batterie oder auch einer Steckdose sein) versteht man die Arbeitsfähigkeit der Ladungen Q.

Zu Ehren von Allesandro Volta wird die Spannung in Volt (1 V) gemessen.

Beträgt also die Spannung einer Steckdose in deinem Zimmer U = 230 V, so kann die Ladung Q = 1 C (also ein Coulomb; weißt du noch, wie viele Elektronen dies sind? Falls nicht, schau doch mal in Kapitel 10 nach) beim Transport zwischen den Polen die Arbeit W = 230 J verrichtet. Damit die Ladung Q = 1 C diese Arbeit verrichten kann, muss genau diese Arbeit auch im Generator eines Kraftwerkes aufgebracht werden (das Kraftwerk ist ja mit der Steckdose verbunden).

Die elektrische Spannung, die eine Batterie liefert, ohne dass ein »Verbraucher« angeschlossen ist, nennt man *aktive Spannung*.

Beispiele für aktive Spannungen

Solarzelle	0,5 V
Knopfbatterie (Hörgerät)	1,35 V
Mignonzelle (AA)	1,5 V
Monozelle	1,5 V
Flachbatterie (3 Monozellen)	4,5 V
Fahrraddynamo	6 V
Blockbatterie	9 V
Autobatterie	12 V
Haushaltssteckdose	230 V
Kraftsteckdose (Elektroherd)	400 V

Straßenbahn	500 V
Zündkerze beim Auto	15000 V
Eisenbahnoberleitung	15000 V
Kunststofffolie (gerieben)	bis zu 30000 V
Hochspannungsleitung	380000 V
Blitz (Gewitterwolke)	1000000 V

Bevor der Blitz bei einem Gewitter niederfährt, herrscht also eine Spannung von einer Million Volt, U = 1000000 V. Wie viele Tafeln Schokolade lassen sich mit Hilfe der Ladung Q = 1 C einen Meter hochheben? Das kannst du nun leicht selbst errechnen.

Die Ladung Q = 1 C kann bei diesem Gewitter eine Arbeit von W = 1000000 J verrichten. Hebe ich eine Tafel Schokolade einen Meter hoch, muss ich die Arbeit von W = 1 J verrichten.

1000000 Tafeln Schokolade lassen sich demnach einen Meter hochheben; dies entspricht der Masse von m = 100000 kg. Ein Mittelklasse-PKW besitzt die Masse von etwa 1000 kg.

Der Blitz könnte also 100 Autos dieser Klasse einen Meter hochschleudern, beeindruckend, oder?

Die passive Spannung

Zur Erläuterung der passiven Spannung habe ich mir schon wieder das Fahrrad ausgesucht, besser gesagt, die Fahrradbeleuchtung. Sind sowohl das Vorderlicht als auch das Rücklicht intakt, so wird in beiden Glühlampen Arbeit verrichtet. Betrachte ich jetzt nur eine der beiden Lampen, so spricht der Physiker hier von einem Spannungsabfall (Verrichten von Arbeit) an einem »Verbraucher«. Wie viel Arbeit von den Ladungen in einem einzelnen Bauteil verrichtet wird, wird durch die passive Spannung angegeben.

Die aktive Spannung ist die Arbeitsfähigkeit von Ladungen, die eine Batterie zur Verfügung stellt. Die passive Spannung ist die Arbeit der Ladungen, die in einem Bauteil verrichtet wird.

Schauen wir uns dazu ein Beispiel an, eine Lichterkette. Diese Lichterkette, bestehend aus 20 Glühlämpchen, wird mit einem Netzteil geliefert. Auf dem Netzteil findet sich der Aufdruck 230V/24V. Was bedeutet dies? Die elektrische Spannung, die für 20 aneinander gereihte Lämpchen zur Verfügung steht, beträgt 24 V (aktive Spannung, na klar). Für jedes einzelne Lämpchen bleibt eine Arbeitsfähigkeit von 1,2 V (dies ist dann wohl die passive Spannung).

Jetzt reicht es aber auch mit Spannung. Nur noch so viel: Hast du schon einmal vom Spannungsverbrauch gehört? Ich denke nicht, dagegen findet sich der Begriff Stromverbrauch häufig in Zeitungsartikeln, die über zukünftige Energieprobleme berichten.

Das Märchen vom Stromverbrauch

In einem geschlossenen Stromkreis werden Elektronen herumgepumpt, diese gehen nicht verloren. Die Elektronen geben praktisch in Verbrauchern wie Glühlampen Energie ab und werden in einer Batterie oder Steckdose wieder »aufgeladen« (sie werden wieder fit für die nächste Arbeit).

> Es gibt keinen Stromverbrauch, da in einem Stromkreis keine Elektronen verloren gehen. Man müsste eigentlich von einem Arbeitsverbrauch sprechen. Mit Elektronen wird elektrische Energie transportiert. Verbraucher sind demnach Energiewandler.

In einer Glühlampe (als Verbraucher) wird nicht Strom verbraucht, sondern elektrische Energie in thermische Energie (Wärme) umgewandelt.

Wie eine Batterie funktioniert

Die Idee von Volta, aus zwei verschiedenen Metallen und saurem Wasser eine »Spannungsquelle« (Batterie) zu bauen, kannst du leicht im Experiment nachvollziehen.

Versuch 2

Eine Batterie, die eine Spannung von U = 1,5 V liefert, ist leicht gebaut. Steche dazu in eine frische Zitrone einen dicken Kupferdraht und in einem Abstand von 1 cm einen Bleistiftanspitzer aus Leichtmetall ohne Klinge.

Ein Glühlämpchen aus dem Fahrradlicht wird nicht leuchten, wenn du es mit dieser Batterie betreibst. Im Elektronikhandel gibt es für wenige Cent Leuchtdioden (LED), die erfolgreich mit deiner Batterie betrieben werden können. Leuchtdioden lassen den elektrischen Strom nur in einer Richtung hindurch. Sollte eine Leuchtdiode nicht gleich aufleuchten, vertausche einfach die Anschlüsse. Eine Anschaffung von Leuchtdioden lohnt sich.

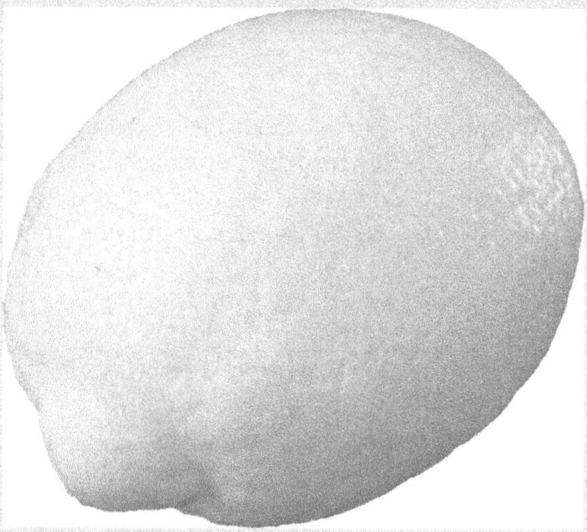

Abb. 11.1: Eine Zitrone

Hinweis

Die Zitrone darf nach diesem Versuch auf keinen Fall verzehrt oder der Saft getrunken werden.

Vielleicht hast du schon einmal von edlen und unedlen Metallen gehört. Gold und Silber sind edle Metalle, erkennbar daran, dass diese Metalle sich an der Luft nicht verändern. Im Gegensatz dazu sind Zink und Eisen unedle Metalle, die sich an der Luft verändern (man sagt auch rosten oder korrodieren).

Sind nun das unedle Leichtmetall des Anspitzers und das edlere Metall Kupfer nur durch die Säure in der Zitrone verbunden, so bildet das Leichtmetall den negativen Pol und das edlere Kupfer den positiven Pol der Batterie.

Eine kleine Gesetzeskunde zur Stromverzweigung

Viele Elektrogeräte lassen sich regeln, wie z.B. das Gebläse eines Föns oder die Drehzahl eines Küchenmixers. Diese Geräte enthalten neben vielen Schaltelementen elektrische Widerstände, die du im letzten Kapitel als *Strombegrenzer* kennen gelernt hast. Ich möchte nun mit dir die Gesetze erforschen, die für die Spannungs- und Stromverteilung in derartigen Geräten gelten.

Der elektrische Widerstand R

Mit der Gleichung $R = \frac{U}{I}$ legt der Physiker den Begriff »elektrischer Widerstand« fest.

Die Einheit des elektrischen Widerstandes ist $1\ \frac{V}{A} = 1\ \Omega$ (sprich 1 Ohm).

Georg Simon Ohm (1787–1854) war Professor der Physik und entwickelte diese Gleichung.

Aus dieser Widerstandsgleichung lassen sich durch Umformen Gleichungen für die Berechnung von Stromstärken oder Spannungen herleiten.

Widerstand hin, Widerstand her. Sicher, du könntest jetzt den Widerstand deines Föns berechnen, ermitteln, wie groß die Stromstärke im Wäschetrockner ist, oder die Spannung berechnen, mit der Halogenlampen betrieben werden. Diese Geräte findest du alle im Haushalt. Hast du dich schon einmal gefragt, wie diese eigentlich geschaltet sind?

Schauen wir uns dazu noch einmal die Lichterkette an, die mit einer aktiven Spannung von 24 V betrieben wird. 20 Lämpchen werden dazu gebraucht. Auf jedem Lämpchen müsste eigentlich der Aufdruck 1,2 V zu

Beispiele:

Eine Glühlampe für eine Schreibtischlampe lässt bei einer Spannung von 230 V eine elektrische Stromstärke von $I = 4{,}6\ A$ zu.

Der elektrische Widerstand ist $R = \frac{U}{I} = \frac{230\ V}{4{,}6\ A} = 50\ \frac{V}{A} = 50\ \Omega$.

Wie groß ist die Stromstärke I, wenn du nun diese Glühlampe mit einer Flachbatterie verbindest?

Die elektrische Stromstärke ist $I = \frac{U}{R} = \frac{4{,}5\ V}{50\ \Omega} = \frac{4{,}5\ V}{50\ V/A} = 0{,}09\ A$.

In einem Digitalwecker (Guten Morgen) darf durch einen Draht mit 500 Ω Widerstand nur ein Strom der Stärke $I = 0{,}001\ A$ fließen.
Man braucht dann eine Spannung von
$U = I \cdot R = 0{,}001\ A \cdot 500\ \Omega = 0{,}001\ A \cdot 500\ V/A = 0{,}5\ V$.

finden sein. Fällt dir da nicht etwas auf? Kaufst du einen Fön oder einen Wäschetrockner oder einen Computer, musst du darauf achten, dass diese Geräte eine passive Spannung von 230 V zulassen, genau diese 230 V sind aber auch die aktive Spannung der Haushaltssteckdose. Und nun?

Ganz einfach. Die Lämpchen in der Lichterkette sind, wie der Physiker sagt, *in Reihe geschaltet*. Die Ladungen müssen ein Glühlämpchen nach dem anderen durchqueren. Es gibt keine Abzweigungen. Drehst du ein Glühlämpchen heraus, erlöschen auch alle anderen.

Eine Reihenschaltung von Widerständen ist daran zu erkennen, dass sich die aktive Spannung auf die einzelnen Widerstände aufteilt. Die Summe der passiven Spannungen (du musst alle passiven Spannungen zusammenzählen) entspricht der aktiven Spannung.

Komisch, im Computerraum einer Schule sind zehn Computer über eine Steckdosenleiste an einer Steckdose mit einer aktiven Spannung von 230 V angeschlossen. Jeder Computer müsste eine passive Spannung von 23 V zulassen und wenn die Computer in Reihe geschaltet wären, müssten beim Ausschalten eines Gerätes gleich alle anderen Computer auch ausgehen. Ich glaube, dass du so etwas noch nicht beobachtet hast.

Im Haushalt liegen alle elektrischen Geräte an der gleichen Spannung (in der Regel 230 V, dies ist wichtig beim Kauf).

Die Geräte im Haushalt und ebenso die Rechner im Schulcomputerraum sind nicht in Reihe, sondern parallel geschaltet. Erkennbar ist diese Parallelschaltung daran, dass die aktive Spannung genauso groß ist wie die passive Spannung.

Eine Parallelschaltung von Widerständen ist daran zu erkennen, dass aktive und passive Spannung genau gleich sind.

Nur ein Bauteil ist im Haushalt zu allen anderen Geräten in Reihe geschaltet und wird dieses Teil entfernt oder geht es sogar kaputt, fallen alle Geräte aus. Richtig, damit ist die Sicherung (auch Sicherungsautomat genannt) im Sicherungskasten gemeint.

Im Haushalt sind alle elektrischen Geräte parallel geschaltet bis auf die Sicherung. Die Sicherung ist in Reihe geschaltet.

Kirchhoffsche Gesetze, spezifischer Widerstand, Schaltung von Vielfachmessgeräten, Schaltzeichen; diese Begriffe wirst du mit Sicherheit im Physikunterricht deiner Schule kennen lernen. Ich möchte an dieser Stelle auf eine tiefer gehende Erläuterung dieser Begriffe verzichten. Viel wesentlicher erscheint mir eine weitere elektrische Größe, die elektrische Leistung P.

Wenn du eine Glühlampe kaufst, gibst du neben der Spannung (230 V, die kennen wir langsam) die gewünschte »Stärke« in Watt an, z.B. 60 W. Wie du aus der Mechanik weißt, misst man in der Einheit Watt die Leistung, die Energieabgabe je Sekunde. Diese Leistung ist auch in der Elektrizitätslehre von großer Bedeutung und man kann sie aus den elektrischen Größen U und I berechnen.

Die elektrische Leistung P

Was sagen die Physiker? Mit der Gleichung $P = U \cdot I$ wird der Begriff elektrische Leistung festgelegt.

Die Einheit der elektrischen Leistung ist $1\ W = 1\ V \cdot 1\ A$ (für W sprich Watt).

Ein Mensch leistet im Durchschnitt 40 W bis 160 W.

Elektrische Leistungen

Laserpointer	1mW	= 0,001 W
Taschenlampe	1 W	
Rasierapparat	10 W	
Monitor	60 bis 90 W	
Glühlampen	15 bis 200 W	
Farbfernseher	150 W	
Computer	350 W	
Bügeleisen	1000 W	= 1 kW
E-Lok	5000000 W	= 5000 kW
Blitz	10000000000 W	

Die Kilowattstunde

Einmal im Jahr wird abgerechnet und zwar schickt das örtliche Energieversorgungsunternehmen (in vielen Städten sind das die Stadtwerke) eine »Stromverbrauchsabrechnung«. Wie du weißt, ist dieses Wort irreführend: Man verbraucht ja keinen Strom, man verbraucht keine fließenden Ladungen. Vielmehr wird die der Steckdose entnommene Energie in der Einheit kWh in Rechnung gestellt. Diese Energie wird jährlich am »Elektrizitätszähler« abgelesen.

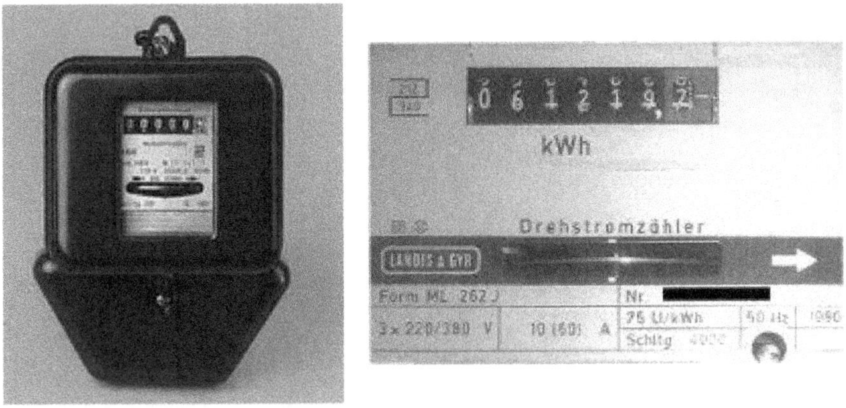

Abb. 11.2: Der Elektrizitätszähler

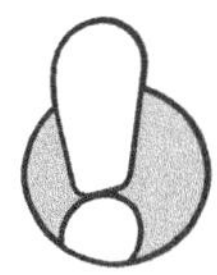

Aus der Leistungseinheit 1 kW und der Zeiteinheit 1 h erhält man die große Arbeits- und Energieeinheit 1 kWh (Kilowattstunde).

$W = P \cdot t = 1\ kW \cdot 1\ h = 1\ kWh = 1000\ W \cdot 3600\ s = 3600000\ Ws = 3600000\ J$

Was kann man alles mit einer Kilowattstunde tun?

Mit einer Kilowattstunde elektrischer Energie, die zurzeit in Deutschland im Durchschnitt etwa 15 Cent kostet, kannst du einen Hefekuchen backen oder eine Maschine Wäsche waschen oder fünf Stunden am Computer arbeiten oder zwei Tage einen Kühlschrank nutzen oder 17 Stunden eine Glühlampe (60 W) betreiben oder ...

Zusammenfassung

In diesem Kapitel hast du gelernt,

- dass elektrische Spannung durch Verrichten von Arbeit in Generatoren (Dynamo) entsteht
- dass bestimmte Batterien aus einem edlen und einem unedlen Metall in Säure getaucht bestehen
- was der Unterschied zwischen aktiver Spannung einer Batterie und passiver Spannung an einem elektrischen Gerät ist

- wie der elektrische Widerstand eines Bauteils berechnet wird
- dass im Haushalt alle elektrische Geräte parallel geschaltet sind bis auf die Haushaltssicherung
- dass die »Stärke« von elektrischen Geräten durch die elektrische Leistung P angegeben wird
- was 1 Kilowatt ist

Fragen und Aufgaben

1. Berechne den Widerstand des menschlichen Körpers für die bedrohliche Stromstärke $I = 50$ mA ($I = 0{,}05$ A) an der Haushaltssteckdose mit einer Spannung von $U = 230$ V.
2. Der elektrische Widerstand zwischen deiner rechten und linken Hand beträgt etwa $R = 1200\ \Omega$. Welche Stromstärke I durchfährt dich, wenn du mit den Händen beide Pole der Haushaltssteckdose berührst?
3. Den elektrischen Widerstand zwischen den Händen hast du schon kennen gelernt; der Widerstand zwischen Hand und Rumpf (das könnte der Bauch sein) beträgt $R = 600\ \Omega$. Findest du dafür eine Erklärung?
4. Auf einer LAN-Party läuft dein Computer mit Monitor 35 Stunden. Was kostet dich das?
5. Suche bei dir zu Hause den Energiezähler und schaue dir dort die Anzeige einmal am Tage und einmal am Abend (wenn z.B. die Geschirrspülmaschine läuft) an.

12

Experimente zu Ladung und Spannung

In diesem Kapitel findest du wieder Versuche zum Vorführen, aber auch zum Ausprobieren im stillen Kämmerlein.

Versuche mit einem Kamm

Du benötigst für diese Experimente einen Kamm aus Kunststoff, eine Wolldecke, Papier, einen Tischtennisball und am besten frisch gewaschene Haare.

Streiche mit dem Kamm über die Wolldecke, bis es knistert. Jetzt ist dieser richtig aufgeladen. Halte nun den Kamm vor einen auf einem Tisch liegenden Tischtennisball und bewege ihn langsam von dem Ball weg. Der Ball wird wie von Zauberhand geführt.

Zerreiße das Papier in unterschiedlich große Stücke und lege es auf einen Tisch. Fahre dir mehrmals mit dem Kamm durch die Haare und halte den Kamm über die Papierschnipsel. Die Schnipsel springen auf und ab oder bleiben am Kamm hängen.

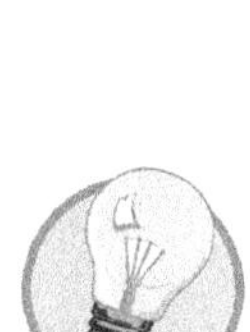

Den nächsten Versuch führen wir in der Küchenspüle durch. Öffne den Kaltwasserhahn so, dass ein dünner durchgehender Wasserstrahl herausläuft. Fahre dir wieder mit dem Kamm durch die Haare und halte den Kamm nah an den Wasserstrahl (nicht berühren). Wie durch ein Wunder biegt sich der Strahl in Richtung Kamm.

Versuche mit einer Flachbatterie

Du benötigst für diese Versuche eine 4,5-Volt-Flachbatterie, Klebefilm, große Schrauben und andere Metallgegenstände (Schere, ...), 2 m isolierten Kupferdraht und einen beidseitig angespitzten Bleistift, und, wenn vorhanden, einen kleinen Kompass.

Wickle um eine dicke fingerlange Holzschraube eine Lage Klebefilm und darauf 1 bis 2 m isolierten dünnen Kupferdraht. Verbinde die blanken Drahtenden mit den Polen der Batterie. Jetzt hast du einen richtig »starken« Elektromagneten. Verstecke diesen Magneten unter einer Tischplatte und versuche Schrauben, Scheren oder Büroklammern auf dem Tisch zu verschieben. Untersuche auch die Wirkung auf Cent- und Euromünzen.

Verbinde ein Glühlämpchen für eine Taschenlampe mit der Batterie, indem du mit einer Schere und einem Bleistift die Kontakte herstellst. Dass Metalle den elektrischen Strom leiten, ist nicht neu. Der Bleistift enthält aber Grafit (schon lange nicht mehr Blei), das auch ein guter elektrischer Leiter ist.

Abb. 12.1: Taschenkompass

Umwickle nun einen kleinen Kompass 10 Mal mit dem Kupferdraht so, dass von dem Kupferdraht die Enden jeweils 20 cm lang sind. Berühre mit den blanken Drahtenden kurz die Pole der Flachbatterie; vertausche beim Berühren jetzt einmal die Pole. Wie du siehst, ändert sich dann die Richtung, in der die kleine Magnetnadel ausschlägt. Einen Elektromagneten kannst du nicht nur ein- und ausschalten, du kannst in diesem Versuch auch Nord- und Südpol vertauschen.

Versuche zu Obstbatterien

Wichtig:

Die hier verwendeten Lebensmittel sind nicht mehr zum Verzehr geeignet. Du brauchst für die Versuche einen Kupferdraht und einen Eisennagel (noch besser ist ein Zinknagel), eine Leuchtdiode, einen Kopfhörer eines Walkmans oder eines MP3-Players, außerdem eine Banane, eine Kartoffel und einen Apfel.

Der Versuchsablauf gleicht sich im Folgenden: Stecke den Kupferdraht und den Eisennagel in die Kartoffel und teste mit der Leuchtdiode, ob diese aufleuchtet. Wenn nicht, vertausche die Anschlüsse der Leuchtdiode.

Setze dir den Kopfhörer auf und verbinde Draht und Nagel mit den beiden Anschlüssen des Steckers des Kopfhörers. Dabei solltest du ein Knacken im Kopfhörer wahrnehmen.

Abb. 12.2: Kartoffel

Wiederhole die Versuche mit den anderen Lebensmitteln. Auf jeden Fall wirst du das Knacken hören, die Leuchtdiode wird nicht immer leuchten (das liegt am Säuregehalt des Lebensmittels).

Fragen und Aufgaben

1. Vor einigen Jahrzehnten waren Kämme aus Aluminium unter Jugendlichen groß in Mode. Was meinst du, wie die Experimente mit einem Aluminiumkamm verlaufen würden?

2. So wie du die Leitfähigkeit von Grafit untersucht hast, kannst du auch die elektrische Leitfähigkeit von z.B. einer Kartoffel untersuchen. Denke dir dazu einen Versuchsaufbau aus.

13 Was Licht ist

Die Optik, die Lehre vom Licht, gehört zu den ältesten Gebieten der Physik. Schon immer war bei den Menschen die Frage »Was ist Licht?« auf großes Interesse gestoßen. Zahlreiche experimentelle Befunde (Beobachtungen von Sternen, Untersuchung des Regenbogens, Deutung von Finsternissen) erweiterten im Laufe der Zeit die Kenntnisse sehr stark. Sie bewirkten, dass die Auffassung über die Natur des Lichtes in eigenartiger Weise zwischen einem Teilchenbild und einem Wellenbild hin- und herschwankte.

Isaac Newton (1643–1727) glaubte, mit einem einfachen Teilchenmodell auskommen zu können. Thomas Young (1773–1829), ein Professor der Physik, hatte Zweifel an der Newton'schen Teilchentheorie. Er betrachtete die Lichtausbreitung als Wellenbewegung.

Um 1900 schien die Wellennatur des Lichtes durch zahlreiche Experimente bewiesen. Die Physiker waren der Meinung, jetzt alles zu wissen. Erschüttert wurde diese feste Vorstellung über Licht unter anderem von Albert Einstein (1879–1955). Viele Experimente erforderten plötzlich die Annahme, das Licht sowohl Teilchen- als auch Welleneigenschaft haben muss.

Bei der weiteren Erkundung des Lichtes standen den Physikern anscheinend die Haare zu Berge. In einem Briefwechsel mit Albert Einstein schrieb der Physiker Max Born (1882–1970): »Die Quanten sind schon eine hoffnungslose Schweinerei.« Die Quantenphysik war geboren, in deren Mittelpunkt die Frage »Was ist Licht?« steht. Selbst bis in die jüngste Zeit hinein ist die Frage nach der Natur des Lichtes noch nicht beantwortet.

»Ich glaube, niemand versteht die Quantenphysik.« Dieser Ausspruch stammt von einem der bedeutendsten Physiker des 20. Jahrhunderts, Richard Feynman (1918–1988).

An der Entwicklung der Optik lässt sich gut das Geschick physikalischer Theorien verfolgen. Mit der Frage »Was ist Licht?« möchte ich dieses Kapitel beginnen, anschließend sollst du etwas über die unterschiedlichen Möglichkeiten des Lichtes erfahren, wenn

- es auf undurchsichtige Gegenstände trifft
- es auf verspiegelte Flächen trifft
- es in durchsichtige Stoffe eintritt

Was ist Licht?

In einem total verdunkelten Raum siehst du nichts. Erst wenn die Lampe eingeschaltet wird, nimmst du deine Umgebung wahr. Du siehst nicht nur die Lampe selbst, sondern auch die von der Lampe bestrahlten Gegenstände.

Licht ist das, was auf direktem Wege in unser Auge gelangt.

Wir sehen also Dinge, wenn das von ihnen erzeugte oder reflektierte Licht in unsere Augen gelangt.

Ohne Licht, genauer das Licht der Sonne, gäbe es auf der Erde kein Leben. Das Licht der Sonne erwärmt die Erdoberfläche, bringt Wasser in den

Meeren zum Verdunsten und treibt damit den lebensnotwendigen Kreislauf des Wassers an.

Mit Licht wird Energie transportiert.

Das Sonnenlicht liefert die Energie, mit der die Pflanzen Nährstoffe erzeugen und durch die deine Haut bei unvorsichtigem Sonnenbaden verbrennt.

Mit Licht gelangen in unser Auge als wichtigstem Sinnesorgan stets vielfältige Informationen. Mit dem Auge nehmen wir unsere Umwelt wahr, wir sehen.

Mit Licht wird Information übertragen.

Was geschieht eigentlich, wenn wir sehen? Mit der Erklärung des Sehvorganges befassten sich schon die griechischen Naturphilosophen. Heute ist uns klar, dass unser Auge – physikalisch gesehen – ein Lichtempfänger ist.

Ein alter Gelehrtenstreit über das Sehen

Pythagoras (570–480 v. Chr.) war der Meinung, vom Auge aus strömen heiße Sehstrahlen, die von den kalten Körpern dann »zurückgedrängt« werden.

Hipparch (190–120 v. Chr.) verglich die von den Augen ausgehenden Sehstrahlen mit Händen, die Gegenstände abtasten und dadurch sichtbar machen.

Von der Oberfläche eines Gegenstandes lösen sich dauernd Atome ab, die als Abbild des Körpers durch die Luft fliegen und so in unser Auge gelangen. Das ist die Vorstellung vom Sehen der so genannten Atomisten (ca. 150 v. Chr.).

Schattenspiele

Licht, das wir nicht wahrnehmen, gelang auch nicht in unser Auge. Befindet sich zwischen unserem Auge und der Lichtquelle ein undurchsichtiger Gegenstand, so befinden wir uns im Schattenraum.

Versuche mit Teelichtern

Für diese Experimente benötigst du möglichst viele Teelichter (vielleicht sechs), undurchsichtige Gegenstände (Kaffeetasse, Teller, Teekanne, ...) und eine Projektionsfläche. Am besten führst du die Versuche auf der Küchenspüle durch und benutzt die Kacheln als Projektionsfläche. Wenn dann mal etwas Kerzenwachs verkleckert, ist das nicht so schlimm.

Versuch 1

Entzünde ein Teelicht und stelle zwischen Teelicht und Projektionsfläche verschiedene Gegenstände. Verändere auch mal den Abstand Teelicht und Gegenstand.

Als Folge der geradlinigen Lichtausbreitung zeigen sich (stets vergrößert) die Umrisse der Hindernisse. Der unbelichtete Bereich wird als Schattenraum (kurz Schatten) bezeichnet.

Versuch 2

Entzünde jetzt zwei Teelichter und beobachte die Schattenbildung. Verändere dabei den Abstand der Teelichter zueinander.

Bei großem Abstand der beiden Kerzen beobachtest du zwei getrennte Schatten. Stehen die Kerzen nahe genug beieinander, so gibt es im Schattenwurf einen so genannten *Teillichtbereich* (auch Halbschatten genannt) und einen Bereich, in den weder das Licht der einen noch der anderen Kerze gelangt. Blickst du aus dem Halbschatten in Richtung Kerzen, kannst du nur eine Kerze sehen. Schaust du vom Kernschattenraum in die Richtung der Kerzen, so kannst du keine Kerze sehen (du stehst hier also voll im Schatten).

Beleuchtest du einen Gegenstand mit einer Milchglaslampe, so siehst du einen »fließenden« Übergang zwischen Kernschatten und den ganz hellen

Bereichen am Rande. Wie dieser Übergangsschatten zustande kommt, zeigt dir der nächste Versuch.

Versuch 3

Jetzt kannst du alle zur Verfügung stehenden Teelichter entzünden und in einer Reihe parallel zur Projektionsfläche aufstellen. Halte jetzt eine Tafel Schokolade zwischen diese ausgedehnte Lichtquelle und die Projektionswand.

Jede Lichtquelle liefert einen Betrag zur Schattenbildung, aber jede dieser Lichtquellen sendet auch Licht in den Schattenraum der Nachbarlichtquellen. So kommt es zu einem kontinuierlichen Übergang zwischen Hell und Dunkel.

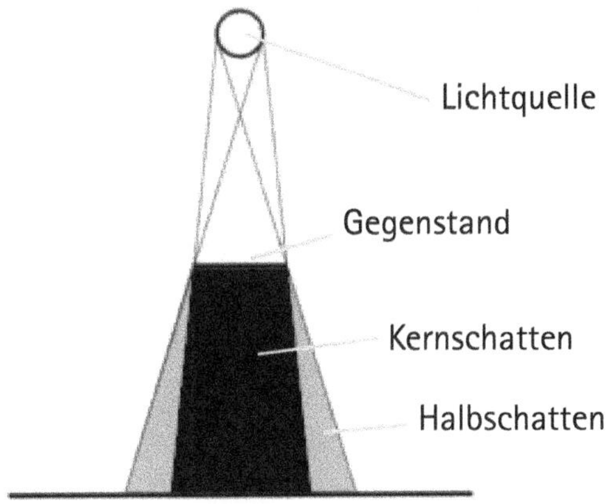

Abb. 13.1: Schattenkonstruktion

Aus der »Schärfe« eines Schattens kannst du auf die »Art« der Lichtquelle schließen.

Mit einer punktförmigen Lichtquelle lassen sich scharfe Schattenbilder erzeugen. Ausgedehnte Lichtquellen liefern unscharf begrenzte Schatten.

Licht breitet sich immer geradlinig aus.

Ein Teelicht im Versuch liefert einen relativ scharf begrenzten Schatten. Näherst du den Gegenstand mehr und mehr der Kerze an, so wird auch der Schattenrand unscharf. Die Kerze kann als punktförmige Lichtquelle betrachtet werden, wenn du einen gewissen Abstand zwischen Kerze und Gegenstand nicht unterschreitest. Probiere es aus.

Von Finsternissen

Unsere Sonne stellt eine sehr große ausgedehnte Lichtquelle dar. Auf der sonnenabgewandten Seite der Erde (Nachtseite) entsteht also ein *Kernschatten* und ein *Übergangsschatten.*

Gelangt nun der Mond, der erfahrungsgemäß viel näher an der Erde ist als die Sonne, in den Bereich des Kernschattens, so wird er vollständig beschattet. Man spricht dann von einer *Mondfinsternis.* Eigentlich müsste bei jedem Vollmond, dann befindet sich unser Mond vollständig auf der Nachseite der Erde, eine Mondfinsternis zu beobachten sein. Warum nicht bei jedem Vollmond auch eine Mondfinsternis herrscht, liegt an den unterschiedlichen Bahnen von Mond-Erde und Erde-Sonne.

Stell dir vor, eine kleine Kugel (die Erde) bewegt sich auf einem flachen Teller im Kreise herum (in der Mitte des Tellers befinde sich die Sonne). Der Mond (eine noch kleinere Kugel) bewege sich gleichzeitig um die Erde. Hier sind Erde, Mond und Sonne in einer Ebene; der Mond tritt bei jeder Erdumkreisung in den Kernschatten der Erde – jeden Monat müsste Mondfinsternis sein. Hier siehst du, dass unser Tellermodell nicht richtig ist. Der Mond bewegt sich nämlich auf einer Bahn um die Erde, die um ungefähr 5° gegenüber der Bahn Erde-Sonne geneigt ist. Daher läuft der Vollmond meistens oberhalb und unterhalb des Schattenkegels der Erde vorbei.

Steht der Mond zwischen Sonne und Erde (Neumond), so fällt sein Schatten auf die Erde. Wir beobachten eine Sonnenfinsternis.

Tritt der Mond auf der Nachtseite in den Kernschatten der Erde ein, so beobachten wir eine Mondfinsternis. Schiebt sich der Mond zwischen Sonne und Erde, fällt der kleine Kernschatten des Mondes auf die Erde. Wir beobachten eine Sonnenfinsternis.

Gerichtete und ungerichtete Reflexion

Versuch 4

Du brauchst für dieses Experiment lediglich einen kleinen Hand- oder Kosmetikspiegel und ein Blatt weißes Papier. Lege beide Gegenstände auf einen Tisch und halte dir eine Schreibtischlampe so vor den Bauch, dass die Lampe Spiegel und Papier beleuchtet. Das Papier strahlt weiß, der Spiegel erscheint schwarz.

Weißes Papier ist nur sichtbar, wenn von dem Papier Licht ausgeht. Nicht nur du kannst das Blatt Papier sehen, jeder im Raum sieht das Papier aus allen Richtungen. Das Licht deiner Schreibtischlampe wird auf dem Papier in alle Richtungen umgelenkt, das Licht wird vom Papier ungerichtet reflektiert (lat. reflectere – zurückbiegen). Von einem Spiegel wird Licht vollständig in eine bestimmte Richtung umgelenkt. Man sagt, es wird *gerichtet reflektiert.*

Schau dich bei deinem Experiment einmal im Zimmer um. Irgendwo an der Decke siehst du das Licht, das vom Spiegel reflektiert wird. Nur aus dieser Richtung siehst du das Licht, aus anderen Richtungen betrachtet bleibt die Spiegelfläche dunkel.

Auf rauen Oberflächen wie Papier wird Licht ungerichtet reflektiert, man sagt auch das Licht wird *gestreut.* Glatte Oberflächen wie Spiegel hingegen lenken das Licht gerichtet um, das Licht wird reflektiert.

Von einem zerknitterten Stück Aluminiumfolie glitzern daher nur die Flächenstückchen, die Licht in Augenrichtung reflektieren.

Die gerichtete Reflexion an glatten Spiegeln ist genau untersucht worden. Dabei fällt auf, dass Licht unter senkrechten Einfall genau in die ursprüngliche Richtung reflektiert wird. Streift das einfallende Licht den Spiegel von der Seite her, so streift auch das reflektierte Licht den Spiegel. Um die Richtung des Spiegels angeben zu können, hat man das Lot eingeführt.

Versuch 5

Klebe auf einen kleinen Spiegel genau in der Mitte einen Trinkhalm, so dass dieser senkrecht zur Spiegeloberfläche steht. Du hast jetzt einen Richtungsmesser für den Spiegel. Probiere nun aus, in welche Richtung Licht im Vergleich zu dem Trinkhalm reflektiert wird.

Das Lot ist eine Hilfslinie, die immer senkrecht auf einem Spiegel steht. Trifft Licht nun unter einem bestimmten Winkel zu diesem Lot auf den Spiegel, so wird es unter genau diesem Winkel reflektiert.

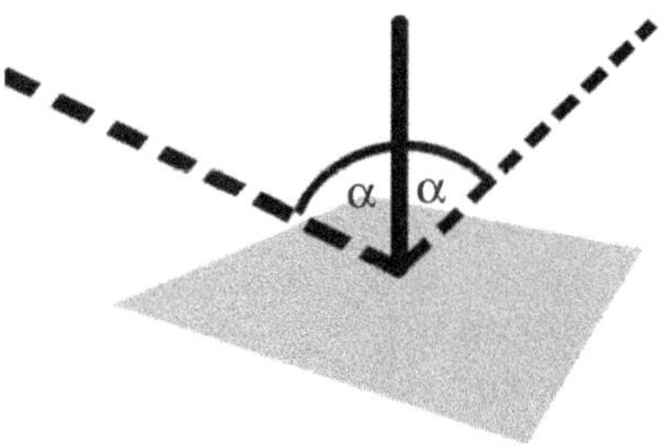

Abb. 13.2: Reflexion am Lot gemessen

Diese Beobachtungen an einem Spiegel haben die Physiker in einem Gesetz, dem Reflexionsgesetz, zusammengefasst.

Das Reflexionsgesetz

Der Einfallswinkel und der Reflexionswinkel sind immer gleich groß. Diese Winkel werden auf eine Hilfslinie, das Lot, bezogen.

Bei der Reflexion ist der Lichtweg umkehrbar.

Wenn du dich im Alltag umsiehst, findest du vielfältige Anwendungen des Reflexionsgesetzes. Der Rückspiegel im Auto gestattet es dem Autofahrer, den nachkommenden Verkehr im Auge zu behalten, und gekrümmte Spiegel sorgen in Scheinwerfern dafür, dass das Licht in eine bestimmte Richtung gelenkt wird.

Die Astronauten der ersten Mondlandung von Apollo 11 brachten 1969 einen Spiegel auf den Mond. Er bestand aus 100 kleinen Tripelspiegeln, wie sie auch in dem Katzenauge deines Fahrrades vorhanden sind. Ein solcher Tripelspiegel lenkt das einfallende Licht genau zu der Stelle zurück, von der es ausgesandt wurde. Genauso 1969: Das von der Erde ausgesandte Laserlicht wurde zur selben Stelle auf die Erde zurückgesandt.

Strahlengang in einem Tripelspiegel

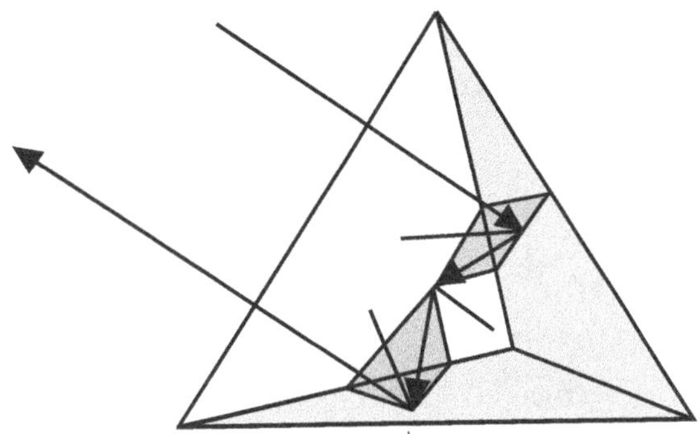

Abb. 13.3: Katzenauge

Aus der Laufzeit ließ sich die Entfernung zum Mond bis auf wenige Zentimeter genau bestimmen. Etwas mehr als eine Sekunde benötigt das Licht für die Strecke Erde-Mond. Der genaue Abstand Erde-Mond beträgt 384.400 km. Eine Lichtsekunde entspricht einer Strecke von 300.000 km.

Das Lichtjahr

Exakt beträgt die Ausbreitungsgeschwindigkeit des Lichtes c = 299.458 m/s. Das Jahr hat 31.600.000 Sekunden. Das Lichtjahr beschreibt die Strecke, die das Licht in einem Jahr zurücklegt.

1 Lichtjahr = $9{,}46 \cdot 10^{15}$ m = 9,46 Billionen km

In der Umgangssprache wird die Einheit »Lichtjahr« zunehmend (und falsch) gerne für lange Zeiten benutzt (Oh, das ist schon Lichtjahre her!).

Geknickte Lichtwege

Versuch 6

Lege eine Münze in eine Kaffeetasse. Stelle die Tasse so unter eine Lampe, dass die Münze im Schattenraum der Tassenwand liegt. Fülle nun vorsichtig Wasser in die Tasse, ohne dass die Münze weggeschwemmt wird.

Die Münze liegt jetzt plötzlich nicht mehr im Schatten!

Versuch 7

Für diesen Versuch brauchst du neben Kaffeetasse, Münze, Trinkhalm, Stricknadel einen Laserpointer (Vorsicht!).

Die Kaffeetasse wird wieder mit Wasser befüllt, nachdem eine Münze hineingelegt worden ist. Schaue jetzt durch den Trinkhalm auf den Münzenrand und verändere die Position des Trinkhalmes nicht. Schiebst du nun eine Stricknadel durch den Halm, so trifft diese den Münzenrand nicht. Verwendest du statt der Stricknadel den Laserpointer, so trifft das Licht, das durch den Halm geht, den Münzrand. Wenn du genau hinschaust, beobachtest du, dass das Licht an der Wasseroberfläche abknickt.

Wenn Licht schräg von einem durchsichtigen Stoff wie Luft in einen anderen durchsichtigen Stoff wie Wasser übergeht, ändert sich seine Richtung. Dies ist die umgangssprachliche Formulierung der Erscheinung der Lichtbrechung.

Die Physiker haben darüber ein Gesetz formuliert, das Brechungsgesetz.

Das Brechungsgesetz

Licht wird beim Übergang vom optisch dünneren in einen optisch dichteren Stoff zum Lot hin gebrochen, beim Übergang vom optisch dichteren in den optisch dünneren Stoff vom Lot weg.

Die Neigung des einfallenden Lichtes gibt man durch den Winkel zum Lot, den Einfallswinkel, an. Der Winkel zwischen gebrochenem Licht und Lot heißt Brechungswinkel.

Der Lichtweg lässt sich wie schon bei der Reflexion bei der Brechung umkehren.

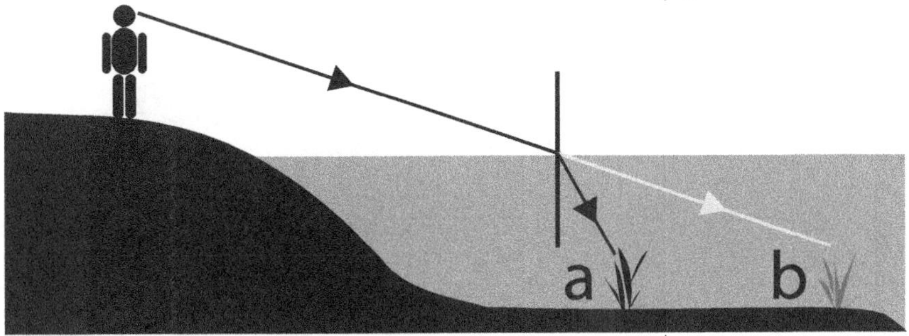

Abb. 13.4: Lichtbrechung

Dort, wo das Licht an der Grenzfläche zwischen zwei verschiedenen durchsichtigen Stoffen abknickt, zeichnen wir uns wieder eine senkrechte Hilfslinie, das Lot. Den Stoff, in dem das Licht zum Lot hin abgelenkt wird, bezeichnet man als *optisch dichter* als den anderen Stoff. Dieser heißt dann *optisch dünner.*

Luft und Wasser unterscheiden sich also in ihrer optischen Dichte, Wasser ist optisch dichter als Luft.

Erst wenn du die Tasse mit Wasser füllst, gelangt das Licht vom Münzrand so geschickt zur Wasseroberfläche, dass es dort vom Lot wegknickt und in unser Auge gelangt. Wir sehen die Münze. Genau diesen Lichtweg kannst du nachvollziehen, wenn du mit einem Laserpointer in Blickrichtung leuchtest. Das Licht knickt jetzt an der Wasseroberfläche zum Lot hin und kann so in den ursprünglichen Schattenraum gelangen.

Ist dir beim Tauchen im Schwimmbad eigentlich schon einmal aufgefallen, dass du nicht aus dem Wasser noch oben schauen kannst, sondern die Wasseroberfläche von unten wie ein Spiegel wirkt?

Man spricht hier von der *Totalreflexion* des Lichtes, die immer dann auftreten kann, wenn Licht aus einem optisch dichteren Stoff in einen optisch dünneren Stoff übergeht.

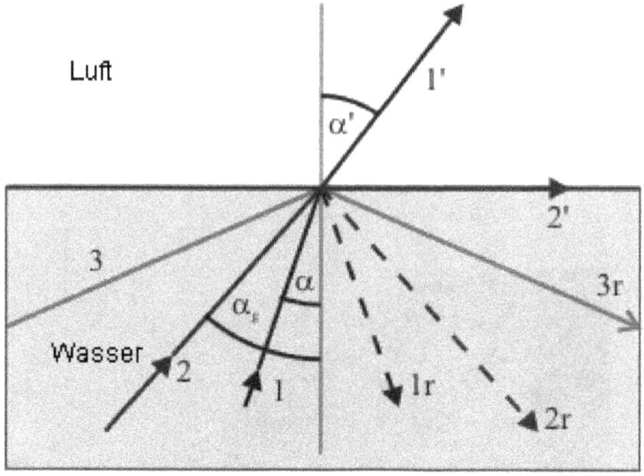

Abb. 13.5: Totalreflexion

Ich denke, diese Abbildung mit drei möglichen Wegen des Lichtes aus dem Wasser heraus liefert eine zufrieden stellende Erklärung.

Begeben wir uns zunächst auf den Weg 1: Stimmt, Luft ist optisch dünner als Wasser; also knickt der Weg des Lichtes vom Lot weg.

Weg 2: Unter diesem Winkel verlässt das Licht das Wasser so, dass es gerade über die Wasseroberfläche streift. Lassen wir Licht über diesen Weg aus der Luft in das Wasser eintreten, stellt das den größtmöglichen Einfallswinkel dar.

Weg 3: Und nun? Gelangt Licht auf diesem Weg zur Wasseroberfläche, kann es das Wasser nicht mehr verlassen. Es wird an der Unterseite des Wassers total (vollständig) reflektiert.

Der Winkel, ab dem die Totalreflexion einsetzt, wird *Grenzwinkel* genannt.

Stoffpaar (optisch dick/dünn)	Grenzwinkel
Wasser/Luft	49°
Glas/Luft	41°
Rubin/Luft	43°
Diamant/Luft	24°

Überschreitet (vom optisch dichteren Stoff aus gesehen) der Einfallswinkel den Grenzwinkel, so entsteht Totalreflexion.

Luftspiegelungen (Fata Morgana) lassen sich durch die Totalreflexion erklären. Wesentliche Anwendung findet die Totalreflexion in der Glasfasertechnik. Dabei verwendet man zur Weiterleitung von Licht haardünne durchsichtige Glasfasern. Diese Fasern sind zum Schutz ummantelt. Da das Glas optisch dichter als der Mantel ist, wird das Licht bei großem Einfallswinkel am Glasmantel totalreflektiert und bleibt so in der Faser. Biegt man diese Glasfaser, lässt sich damit Licht sogar auf gekrümmten Wege übertragen.

Die Glasfasertechnik wird zum Beleuchten innerer Organe (Endoskopie) in der Medizin und zur Übertragung von Informationen und Daten beim Fernsehempfang oder bei Telefongesprächen verwendet.

Farbiges Licht durch Brechung

Trifft weißes Licht unter bestimmten Winkeln auf Wassertröpfchen, so wird das Licht in den Tropfen gebrochen und in seine Bestandteile zerlegt, die so genannten *Spektralfarben.* Besonders beeindruckend ist dies bei einem Regenbogen zu beobachten.

Versuch 8

Dieser Versuch gelingt nur an einem sonnigen Nachmittag. Stelle dich dazu am späten Nachmittag draußen auf einen Stuhl mit dem Rücken zur Sonne und sprühe mit dem Wasserschlauch einen feinen Regen. Vor dir erscheint ein Regenbogen.

Man nennt diese Erscheinung *Farbzerstreuung* oder *Dispersion des Lichts* (lat. dispergere – zerstreuen). Bei der Brechung des Lichts in Glas oder Wasser wird blaues Licht stärker gebrochen als rotes.

Bei der Brechung von weißen Licht beobachtet man Dispersion.

Zusammenfassung

In diesem Kapitel hast du etwas gelernt

- über die Sehtheorien des Altertums
- über unterschiedliche Schattenarten wie Kern-, Halb- und Übergangsschatten
- über Schattenwürfe im Weltraum
- über Gesetzmäßigkeiten bei Reflexion und Brechung
- über die Anwendung der Totalreflexion
- über die Entstehung von Spektralfarben

Du hast keine Antwort auf die Frage »Was ist Licht« gefunden.

Fragen und Aufgaben

1. Welche Auswirkungen auf unseren Alltag hätte es, wenn die Idee von den Sehstrahlen Hand und Fuß hätte?
2. Mit großen Kerzen kannst du schöne Schattenspiele vorbereiten. Versuchs doch einmal.
3. Bei welchen Mondphasen beobachtet man eine Mond- oder Sonnenfinsternis?
4. Wie viel Zeit benötigt das Licht genau für den Hin- und Rückweg Erde-Mond?
5. Der Maurer benutzt ebenfalls ein Lot, um Mauern »gerade« hochzuziehen. Worum handelt es sich dabei?
6. Wie musst du zielen, wenn du mit einer Harpune von einem Boot aus der Luft heraus den weißen Hai erledigen möchtest?

14

Der kürzeste Weg ist nicht immer der schnellste

Was haben ein Lebensretter der Fernsehserie »Bay watch« und Edelsteine mit Licht zu tun? Eine gute Frage, die auch eine gute Antwort in diesem Kapitel von *Physik für Kids* verdient.

Die Brille gilt als das älteste optische Instrument und wurde gegen Ende des 13. Jahrhunderts erfunden. Der Name Brille leitet sich vom Beryll-Kristall (ein durchsichtiger Halbedelstein) her, denn die ersten Brillengläser bestanden aus geschliffenen Beryllen. Die Gläser waren so geschickt geschliffen, dass das Licht auf seinem Weg durch den Kristall abgelenkt wurde und Fehlsichtigkeiten wie Kurz- oder Weitsichtigkeit bereits vor 700 Jahren ausgeglichen werden konnten.

Viele Physiker beschäftigten sich mit der Frage nach den Wegen des Lichtes wie auch der französische Physiker Pierre de Fermat (1601–1665). Das nach ihm benannte *Fermatsche Prinzip* besagt, Licht nimmt immer den Weg, auf dem es die wenigste Zeit benötigt. Das ist in der Regel der kürzeste Weg; von dieser Regel gibt es aber auch Ausnahmen.

Richard Feynman hast du ja bereits kennen gelernt. Ich möchte dir in diesem Kapitel aufzeigen, wie die Vorgänge in einer optischen Linse – diese ist Bestandteil fast aller optischen Geräte wie Lupe, Fernrohr und Mikroskop – mit Unterstützung von Feynmans Übersetzung vom Fermatschen Prinzip erfahrbar werden. Du erfährst also etwas über

- das Fermatsche Prinzip und Reflexion
- eine Eigenschaft von Licht, über die das Licht selbst erstaunt sein muss
- die Grundprinzipien der optischen Abbildung

Das Fermatsche Prinzip

> Licht nimmt immer den Weg, auf dem es die wenigste Zeit benötigt. Darum breitet sich Licht in einem Medium wie Luft oder Wasser auch immer geradlinig auf dem kürzesten Weg aus.

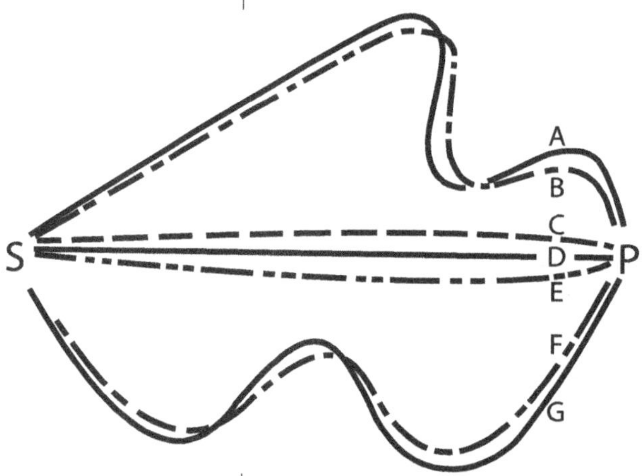

Abb. 14.1: Mögliche und unmögliche Wege des Lichts

Betrachten wir einmal den Weg von der Sonne S zu einem Planeten P: Logisch, der Weg D ist der Weg, auf dem Licht zu dem Planeten gelangt. Alle anderen sind viel länger und kommen nicht in Frage.

Wird Licht an einem Spiegel reflektiert, bleibt das Licht in einem Medium (z.B. Luft) und braucht für einen Hinweg zum Spiegel und für den Rückweg wieder die gleiche Zeit. Einfallswinkel und Reflexionswinkel müssen übereinstimmen.

Versuch 1

Für diesen Versuch benötigst du eine Lupe. Lege die Lupe auf ein Blatt mit Text und betrachte den Text. Vergrößere jetzt den Abstand zwischen Blatt und Lupe stetig und schaue weiterhin durch die Lupe (dein Kopf bleibt dabei immer mindestens 30 cm von der Lupe entfernt).

Der Text erscheint zu Beginn des Experimentes gut lesbar, die Buchstaben scheinen im Verlauf des Versuchs immer größer zu werden. Jetzt ist ein Punkt erreicht, an dem alles unscharf wird. Zum Schluss erscheinen die Buchstaben wieder scharf; doch sie stehen auf dem Kopf und werden immer kleiner.

Die Lupe ist eine so genannte *Sammellinse*. Licht, das von den einzelnen Bereichen der Buchstaben in unser Auge gelangt, wird durch die Sammellinse wieder in erkennbare Anteile der Buchstaben übertragen. Auf der Netzhaut unserer Augen entsteht ein Bild. Physiker nennen diesen Vorgang *optische Abbildung*.

Optische Abbildung

Gelangt Licht von jedem Punkt eines Gegenstandes (hier alle Bereiche des Buchstabens) so durch eine Lupe, dass es sich wieder zu einzelnen Punkten (man spricht dann von Bildpunkten) sammelt, spricht man von einer optischen Abbildung.

Darüber staunt selbst das Licht

Du weißt bereits, dass Licht auf dem Weg aus der Luft in das Glas der Lupe gebrochen wird. Was du noch nicht weißt, ist, dass sich die Geschwindigkeit des Lichtes beim Durchgang durch das Glas verringert. Feynman erklärt diesen Umstand an einem Beispiel.

Der Lebensretter Harry beobachtet am Strand (fester Sand), wie Sarah in einiger Entfernung vom Ufer im Wasser um Hilfe ruft. Er überlegt nicht lange und wählt den Weg 4. Auf diesem Weg gelangt Harry in kürzester Zeit zu Sarah, obwohl dieser Weg nicht der kürzeste Weg (das ist der Weg 3) ist.

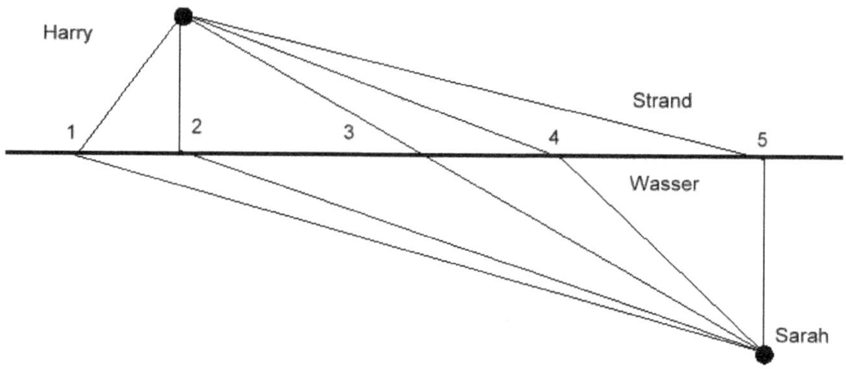

Abb. 14.2: Welchen Weg nimmt Harry ?

Über Sand erreicht Henry eine wesentliche höhere Geschwindigkeit als im Wasser und gleicht den etwas längeren Weg über Sand durch einen kürzeren Weg im Wasser aus.

In optisch dichteren Stoffen (wie Glas) ist die Geschwindigkeit des Lichts geringer als in optisch dünnen (z.B. Luft).

Die optische Abbildung

Jedes optische Instrument beruht auf dem Prinzip der optischen Abbildung: Das von einem Gegenstandspunkt ausgehende Licht wird in einem Bildpunkt zusammengeführt.

Wie soll das Licht, das sich von einem Bildpunkt gleichzeitig mit gleicher Geschwindigkeit in alle Richtungen geradlinig ausbreitet, sich wieder in einem Punkt sammeln? Richtig, man muss dafür sorgen, dass für alle Wege dorthin die gleiche Zeit benötigt wird. Dies geht aber nur, wenn das Licht auf dem direkten Wege (von S nach P) langsamer unterwegs ist als auf den Außenbahnen. Setzt man kleine Glasstücke entsprechender Dicke auf diese Wege, wird das Licht auf direktem Wege genau so viel Zeit benötigen wie auf den Außenbahnen.

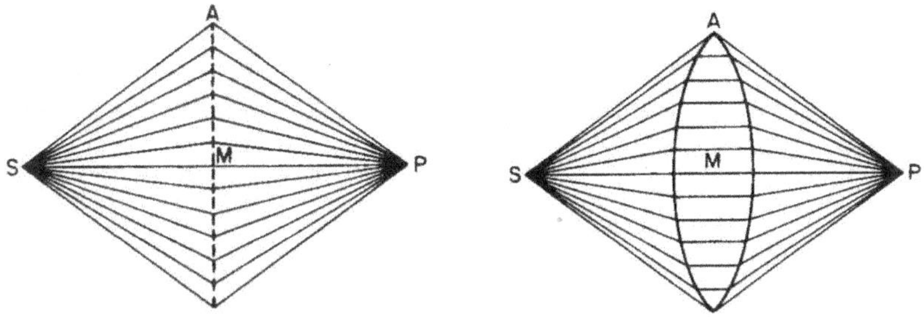

Abb. 14.3: Ein Lichtabbremser

So ein bauchiger Lichtabbremser wird *Konvex-* oder *Sammellinse* genannt. Jede Sammellinse lässt sich durch Kenndaten wie Brennpunkt F und Brennweite f beschreiben. Befindet sich ein Gegenstand G im Abstand der Brennweite vor einer Sammellinse, lässt sich dieser nicht als Bild B scharf abbilden.

Die geometrische Optik befasst sich mit der Konstruktion von Abbildungen durch optische Linsen. Dabei beschränkt man sich nicht nur auf eine optische Linse, sondern kombiniert verschiedene optische Linsentypen. Einen Vorgeschmack dazu soll dir die Abbildung einer brennenden Kerze liefern.

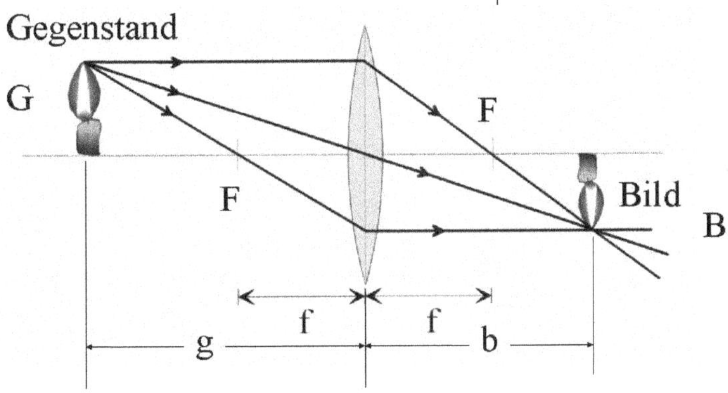

$\frac{G}{B}=\frac{g}{b}$ Abbildungsmaßstab $\frac{G}{g}=\frac{B}{b}$

Abb. 14.4: Die optische Abbildung

Du merkst schon, da steckt noch viel mehr drin. Nämlich Stoff für ein weiteres Buch.

Fragen und Aufgaben

1. Schaue dir noch einmal die Rettungswege von Harry an. Warum kommen die Wege 1 und 5 für einen Rettungsversuch nicht in Frage?
2. Wie groß ist die Brennweite der Lupe in deinem Experiment?

15 Experimente zu Licht und Schatten

Licht fasziniert auf einmal mehr denn je die Menschen in Wissenschaft und Technik. Wgar es früher zur Steinzeit das Feuer, so sind es heute die technischen Möglichkeiten, mit Licht Informationen zu speichern und zu übertragen. Denke dabei einmal an einen CD- oder DVD-Player; hierbei liest eine besondere Lichtquelle (Laser) die Informationen (Noten oder Bilder) auf einer CD aus und leitet diese Informationen weiter, damit diese in hörbare Musik und sichtbare Filme umgewandelt werden können. Die hier aufgeführten Versuche sollen dir etwas von der Faszination Licht vermitteln. Die Experimente im Einzelnen sind

- Kann ein Spiegel Schatten werfen?
- Was uns ein Schatten verrät
- Die Schusterkugel
- Ein Wassertropfen als Lupe
- Geheimschrift
- Mein erster Film

Kann ein Spiegel Schatten werfen?

Du brauchst für diesen Versuch einen kleinen Spiegel (am besten eignet sich eine quadratische Spiegelkachel), eine Kerze und einen Bleistift. Verdunkle den Raum, in dem du experimentierst und stelle den Spiegel 20 cm hinter der brennenden Kerze auf; setze jetzt den Bleistift zwischen Kerze und Spiegel.

Sowohl die Kerze, der Bleistift und sein Schatten werden gespiegelt. An dem schwachen Schatten des gespiegelten Bleistifts kannst du erkennen, dass auch die gespiegelte Kerze wie eine richtige Lichtquelle wirkt.

Was uns ein Schatten verrät

Setze in unserem verdunkeltem Raum die brennende Kerze cirka einen Meter vor eine weiße Wand. Halte nun aufrecht zwischen Kerze und Wand einen runden Frühstücksteller und beobachte den Schatten an der Wand, während du den Teller langsam drehst.

Wird der Teller vollständig vom Licht beschienen, so erscheint ein runder Schatten, wie ihn auch ein Ball werfen würde. Dadurch, dass du den Teller drehst, verrät dir der Schatten eben mehr.

Die Schusterkugel

Wieder bleiben wir in unserem dunklen Raum. Neben einer brennenden Kerze benötigst du eine bauchige mit Wasser gefüllte durchsichtige Blumenvase. Halte nun die Vase zwischen Kerze und Wand und ändere dabei den Abstand zur Kerze.

An der Wand erscheint das auf dem Kopf stehende Bild der Kerzenflamme so hell und vergrößert, dass du als Schuster in einem dunklen Kämmerlein Schuhe nähen oder flicken könntest.

Die Wassertropfen-Lupe

Für diesen Versuch benötigst du eine Büroklammer, unser Experimentierraum muss hell erleuchtet sein (also Licht an). Biege das Ende der Büroklammer über einen dünnen Bleistift zu einem Ring mit einem Durchmesser von 1/2 Zentimeter. Tauchst du nun den Draht mit dem Ringende in Wasser, bleibt ein Wassertropfen in dem Ring hängen. Du hältst jetzt eine winzige Lupe in den Händen.

Du glaubst es nicht? Halte diesen Tropfen über eine sehr kleine Schrift und du kannst die Buchstaben gut erkennen.

Geheimschrift

Dieses Experiment musst du etwas vorbereiten. Schalte deinen Computer ein und schreibe mit einer Textverarbeitung folgenden Text: PHYSIK für KIDS. Für die Schriftgröße sollte 24 gewählt und das Wort KIDS sollte in Rot geschrieben werden; drucke nun den kleinen Text auf ein Blatt Papier aus. Mit einem Grogstäbchen (ein Glasstab, der verhindern soll, dass sehr heiße Getränke Trinkgläser zersprengen) betrachte nun den Text aus 2 cm Höhe. Statt des Grogstäbchens eignet sich auch ein Weinglas mit Glasstiel (Vorsicht! Erst die Eltern fragen) oder ein Backaromaröhrchen, das du mit Wasser füllst.

Was beobachtest du? Die schwarze Schrift kannst du lesen und die rote Schrift steht Kopf. Der Glasstab ist eine Zylinderlinse, die das Licht bricht. Dadurch kann es zu Vergrößerungen oder Umkehrungen von Texten kommen.

Mein erster Film

Für das letzte Experiment benötigst du zwei runde Bierdeckel (du kannst dir auch aus weißen Karton zwei runde Scheiben schneiden). Beklebe die Bierdeckel mit weißem Papier und zeichne auf den ersten Deckel einen bunten Vogel und auf den zweiten einen Käfig. Steche mit einer Schere vorsichtig am Rande rechts und links Löcher in die Scheibe und ziehe einen Faden durch die Löcher wie auf dem Bild. Klebe die Scheiben zusammen und halte, nachdem der Kleber auch wirklich trocken ist, die Scheibe mit beiden Händen an den Fadenenden und wirbele den Faden so herum, dass er sich verdrillt. Was beobachtest du, wenn du den Faden lang ziehst?

Dein Vogel (hier im Bild der Fuß) ist plötzlich im Käfig gefangen. Wenn unser Auge in schneller Folge einzelne Bilder sieht, kann es sie nicht mehr getrennt sehen. Ganz nett wirkt dieser kleine Versuch, wenn du auf Vorder- und Rückseite der Scheibe ein Strichmännchen malst, das sich nur in der Haltung der Arme (es winkt dir dann zu) oder der Beine (es läuft!) unterscheidet.

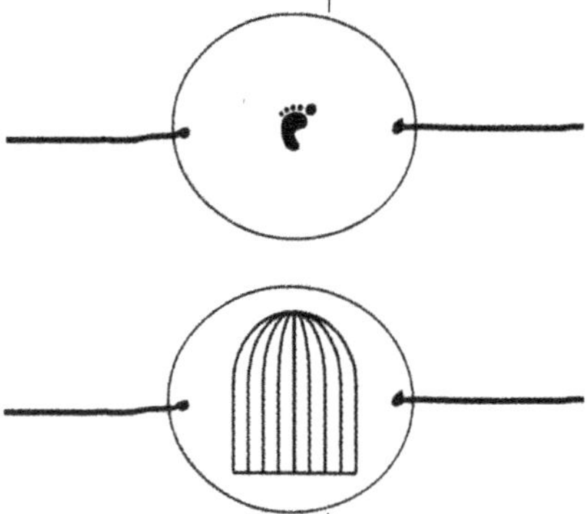

Abb. 15.1: Vorlage für einen Film

Lösungen zu den Aufgaben

1 Mit zweierlei Maß gemessen

1. Nicht schubsen bei der Lösung dieser Aufgabe. Vielleicht ermittelt ihr für einen Fuß 21 cm.
2. Da wird es auch wieder ungenau; so neun bis zwölf Daumen könnten es schon sein.
3. Hier findest du keine Antwort; also los und ausprobieren.
4. Jetzt kannst du deine Mitmenschen testen; weniger als 9 cm sollte niemand schaffen.
5. Das Karat ist ein Gewichtsmaß für Edelsteine und Schmucksteine. Ein metrisches Karat (Kt) entspricht 200 mg Edelstein: 1 Kt = 0,2 g. Die Gewichtseinheit für Schmucksteine ist das metrische Carat (ct); auch hier gilt 1 ct = 0,2 g. Eine ganz andere Bedeutung hingegen hat das Karat bei der Gehaltsangabe von Gold in Schmuckstücken. Einkarätiges Gold enthält 1/24 Anteil Gold, 24-karätiges Gold (Feingold) steht für absolut reines Gold.

2 Ein kurzes Kapitel über die Schnelligkeit

1. Du brauchst die Angaben nur in die Formel für die Geschwindigkeit einzusetzen:

$$v = \frac{s}{t} = \frac{1852\ \text{m}}{1\ \text{h}} = \frac{1{,}852\ \text{km}}{1\ \text{h}} = 1{,}852\ \frac{\text{km}}{\text{h}}$$

$$v = \frac{s}{t} = \frac{1852\ \text{m}}{1\ \text{h}} = \frac{1852\ \text{m}}{3600\ \text{s}} = 0{,}514\ \frac{\text{m}}{\text{s}}$$

2. 12/4-Regel anwenden:

$$v = \frac{s}{t} \rightarrow$$

$$s = v \cdot t = 144\ \frac{\text{km}}{\text{h}} \cdot 10\ \text{s} = \frac{144\ \text{km}}{3600\ \text{s}} \cdot 10\ \text{s} = \frac{1440\ \text{kms}}{3600\ \text{s}} = \frac{1440\ \text{km}}{3600} = 0{,}4\ \text{km} = 400\ \text{m}$$

3. Vergleiche deine Ergebnisse mit folgender Rechnung:

$$v = \frac{s}{t} \rightarrow$$

$$t = \frac{s}{v} = \frac{50\ \text{m}}{10\ \text{km}\ \S\ \text{h}} = \frac{50\ \text{m} \cdot 1\ \text{h}}{10\ \text{km}} = \frac{50\ \text{m} \cdot 3600\ \text{s}}{10000\ \text{m}} = \frac{50 \cdot 3600\ \text{s}}{10000} = 18\ \text{s}$$

4. Der Bremsweg ist nicht der Anhalteweg. Der Bremsweg berücksichtigt nicht die Reaktionszeit eines Autofahrers. Der Bremsweg berechnet sich nach der Fahrschulformel: Geschwindigkeit in km/h durch 10, davon das Quadrat.

$$s_{\text{Brems}} = \left(\frac{60}{10}\right)^2 \text{m} = 36\ \text{m}.$$

Der Reaktionsweg bei einer Sekunde Reaktionszeit beträgt

$$s_{\text{Reaktion}} = v \cdot t = 60\ \frac{\text{km}}{\text{h}}\ 1\ \text{s} = \frac{60000\ \text{m} \cdot 1\ \text{s}}{3600\ \text{s}} = 16{,}7\ \text{m}.$$

Der gesamte Anhalteweg ist also die Summe aus Reaktions- und Bremsweg: $s = 52{,}7$ m.

3 Temperatur hat man

1. Flüssige Luft hat eine Temperatur von –180° C, glühende Kohlen etwa +400° C. Unser Temperatursinn kann nur Temperaturen in unserem Erfahrungsbereich erfassen (kälter als Körpertemperatur bzw. wärmer als Körpertemperatur).

2. Tippe in deiner Tabellenkalkulation im Eingabefenster folgenden Ausdruck ein: =UMWANDELN(24;"C";"F"). In einer von dir vorher markierten Zelle erscheint: 75,2 (°F).

3. Wie der Ausdruck »gefühlte Temperatur« bereits andeutet, wird das Empfinden zu der wahren Temperatur hinzugefügt. Wie viel und welche Kleidung du gerade trägst, macht dein Temperaturempfinden aus. Im T-Shirt empfindest du winterliche Temperaturen noch kälter und umgekehrt im Wintermantel hochsommerliche Temperaturen noch heißer. Nicht nur deine Kleidung, auch die Windverhältnisse haben Einfluss auf die gefühlte Temperatur.

4. Zeigt ein Thermometer in deinem Zimmer 21° C an, sind dies auf der Kelvinskala immerhin schon (273,15 + 21) K = 294,15 K.

4 Wärme gibt man

1. Das Jo-Jo bewegt sich auf und ab. Es besitzt Bewegungsenergie und Lageenergie, wobei sich diese Energieformen an den »Umkehrpunkten« jeweils ineinander umwandeln. Diese Umwandlung ist nur möglich, da das Jo-Jo noch eine weitere Energieform besitzt, die Rotationsenergie (Drehenergie).

2. Auf einer 1-Liter-Packung frischer Vollmilch:
   100 ml – 267 kJ (Kilojoule)
   Auf einem 250g-Joghurtbecher:
   100 g – 385 kJ (Kilojoule).

3. Um 1 Gramm Fett abzubauen, benötigst du eine Energie von W = 40 000 J. Hebst du eine Tafel Schokolade 1 Meter hoch, so verrichtest du eine Arbeit von W = 1 J. Du müsstest also 40.000 Tafeln Schokolade 1 Meter hoch stemmen.

4. Die Teilchenbewegung in dem Reifen nimmt zu (die Teilchen werden praktisch herumgeschleudert). Eine Zunahme der Teilchenbewegung ist stets mit einer Temperaturerhöhung gekoppelt. Die Zunahme dieser Teilchenbewegung bedingt auch eine Druckerhöhung; vielleicht hast du am Rande der Autobahn schon einmal zerfetzte Lastwagenreifen gesehen.

5 Auf das Gewicht kommt es an

1. Versuchst du, einen Fußball auf dem Schulhof im Kreis zu führen, musst du ihm eine bestimmte Geschwindigkeit verleihen und ihn anschließend immer wieder zum Mittelpunkt dieses Kreises »kicken«.

2. Nehmen wir an, der Ortsfaktor auf der Erde beträgt $g = 9{,}81\ N/kg$. Dann lässt sich bei einem 100- bis 1000fachen Wert die Kraft berechnen nach: $F = m \cdot g$.

   Rechnung: $F = 80\ kg \cdot 9{,}81\ \frac{N}{kg} = 784{,}8\ N$ Gewichtskraft der Versuchsperson.

   Ungefähr 78480 N bis 784800 N sind dann die auftretenden Kräfte bei einem Crash.

3. Beträgt deine Masse $m = 52\ kg$, dann berechnet sich die Gewichtskraft auf den Himmelskörpern nach altbekannter Formel:
   $F = m \cdot g_{Himmelskörper}$

6 Schwerpunkt und Trägheit im Experiment

1. Die Finger nähern sich automatisch der Mitte des Stabes. Haben sich deine Finger der rechten und linken Hand berührt, befindet sich der Schwerpunkt genau zwischen diesen Fingern. Mit etwas Übung kannst du jetzt sogar nur einen Finger an diese Stelle bringen.

2. Beim Holzhacken nutzt man die große Trägheit des Holzscheites aus. Auf der scharfen dünnen Kante der Axt gleitet das Holzscheit weiter nach unten und ist für die Spaltung praktisch selbst verantwortlich.

3. Üben, üben und üben.

4. Die Trägheit von Gegenständen und die damit verbundene Trägheitskraft macht sich besonders bei ruckartigen (also schnellen) Bewegungen bemerkbar. Zieht der Autofahrer das abzuschleppende Auto langsam an, sorgt das Seil für die nötige Stabilität. Bei einem starken Ruck wirken plötzlich Trägheitskräfte (diese können ein Vielfaches der Gewichtskraft des Autos betragen), die das Seil reißen lassen.

7 Dicke Luft

1. Tipp: Beim Bau des Wetterglases eher Lebensmittelfarbstoff verwenden. Dieser lässt sich im Falle eines Falles besser auswaschen.

2. Sitzt die Stirnhöhle bei Erkältungen zu, kommt es nicht mehr zu einem Druckausgleich zwischen Stirnhöhle und Umgebung. Entweder herrscht in der Stirnhöhle oder außen ein höherer Druck. Dieser führt zu einseitig wirkenden Kräften (diese können enorm sein) auf die Knochenwände und führt dann zu Kopfschmerzen.

3. Wir spüren den Luftdruck im Regelfall nicht, weil wir »offen« sind. In unserem Atmungsapparat (Nase, Stirnhöhle, Ohr, Rachen, Lunge) herrscht der gleiche Druck wie in der Umgebung.

4. Übersetzen kannst du diese Aussagen mit der Formel zur Berechnung des Drucks:

$$p_1 = \frac{F}{A} = \frac{m \cdot g}{A} = \frac{10\ g \cdot 9{,}81\ N/kg}{1\ cm^2} = \frac{0{,}01\ kg \cdot 9{,}81\ N/kg}{(0{,}01\ m)^2} = \frac{0{,}0981\ N}{0{,}0001\ m^2} = 981\ \frac{N}{m^2}$$

$$p_2 = \frac{F}{A} = \frac{m \cdot g}{A} = \frac{1\ kg \cdot 9{,}81\ N/kg}{1\ cm^2} = \frac{1\ kg \cdot 9{,}81\ N/kg}{(0{,}01\ m)^2} = \frac{9{,}81\ N}{0{,}0001\ m^2} = 98100\ \frac{N}{m^2}$$

5. Der von unten wirkende Luftdruck p_2 ist 100 Mal so groß wie der Druck p_1 von 10 cm Wasser. Darum kann Luft auch Wasser in einem Wasserbarometer 100 Mal 10 cm hochdrücken (10 m also).

8 Auf den Spuren von Kapitän Nemo

1. Diese Art von Aufgabe beherrscht du bereits. Die Druckformel führt dich zu einem Ergebnis: In 10.000 m Tiefe herrscht ein Druck von 1000 bar.

$$p = \frac{F}{A} = 1000\ bar = 1000.000\ hPa = 100.000.000\ Pa$$

$$= 100.000.000\ \frac{N}{m^2} = 100.000.000\ \frac{N}{(100\ cm)^2}$$

$$p = \frac{100.000.000\ N}{10.000\ cm^2} = 10.000\ \frac{N}{cm^2}$$

10000 N entspricht der Gewichtskraft eines Fahrzeuges der Masse m = 1000 kg; in 10.000 m Tiefe drückt ein VW Golf auf die Fläche eines Daumennagels.

2. Berechnung nach der Druckformel:

$$p = \frac{F}{A} = \frac{90\ N}{5\ cm^2} = \frac{90\ N}{0{,}0005\ m^2} = \frac{90}{0{,}0005}\ \frac{N}{m^2} = 180.000\ \frac{N}{m^2} = 180.000\ Pa$$

$$p = \frac{F}{A} = \frac{90\ N}{5\ cm^2} = \frac{180\ N}{10\ cm^2} = 180\ \frac{N}{10\ cm^2} = 180\ bar$$

3. Berechnung und Umformen nach der 12/4-Regel:

$$p = \frac{F}{A} \rightarrow F = p \cdot A = 4{,}3\ bar \cdot 1{,}4\ cm^2 = 4{,}3\ \frac{N}{10\ cm^2} \cdot 1{,}4\ cm^2 = \frac{4{,}3 \cdot 1{,}4}{10}\ N = 0{,}602\ N$$

$$p = \frac{F}{A} \rightarrow F = p \cdot A = 4{,}3\ bar \cdot 25\ cm^2 = 4{,}3\ \frac{N}{10\ cm^2} \cdot 25\ cm^2 = \frac{4{,}3 \cdot 25}{10}\ N = 10{,}75\ N$$

4. Scharfe Messer haben eine wesentlich geringe Schnittfläche A als stumpfe Messer. Dies hat zur Folge, dass bei gleicher Kraft F (die wirkt ja von unseren Fingern auf das Messer) der Druck p bei geschärften Messern viel größer wird:

Scharf: $p = \frac{F}{A_{klein}}$ ist größer als

Stumpf: $p = \frac{F}{A_{groß}}$.

Vergleiche dazu: $\frac{18}{3} > \frac{18}{6} \rightarrow 6 > 3$, oder?

9 Bernsteinelektrizität – Eine geheimnisvolle Anziehung

1. Elektrische Ladungen (nämlich positive und negative) sind schon bereits in der Materie vorhanden. In den Ladungsversuchen »trennst« du diese lediglich.

2. Die geladenen Gewitterwolken könnten sich über die Drachenschnur und dann über dich entladen.

3. Die CD wird dabei elektrostatisch aufgeladen und von einem elektrischen Feld umgeben. Papierschnipsel erfahren in diesem Raum Ladungstrennungen, so dass die Schnipsel entgegengesetzt zur CD elektrostatisch geladen sind und zur CD »aufsteigen« (wenn die Gewichtskraft der Schnipsel es zulässt). Dort entladen sich die Schnipsel und nehmen die Ladung der CD an; gleiche Ladungen stoßen sich ab und die Schnipsel fallen zu Boden. Der Vorgang wiederholt sich nun.

4. Dieses Ladungsnachweisgerät beruht auf der Eigenschaft, dass gleiche Ladungen (also gleiche Ladungsvorzeichen) sich abstoßen. Die Ladungsart, ob positiv oder negativ geladen, lässt sich damit nicht nachweisen.

10 Die elektrische Strömung und ihre Wirkung

1. Man nutzt bei den Stromstärkemessgeräten die Wirkung des elektrischen Stroms. In einem Hitzdrahtamperemeter dehnt sich ein gespannter Draht, je stärker dieser durch einen elektrischen Strom erhitzt wird. Das Knallgasamperemeter nutzt die chemische Wirkung des elektrischen Stroms. Die Knallgasmenge ist dabei ein Maß für die elektrische Stromstärke. Zum Schluss noch das Drehspulamperemeter. Hierbei wird die magnetische Wirkung des elektrischen Stroms genutzt.

2. Ein dünner Draht führt an dieser Stelle dazu, dass die Elektronen dort viel Arbeit verrichten. Der Draht heizt sich auf und schmilzt so durch.

3. Wir wenden die Definition der elektrischen Stromstärke I an:

   $$I = \frac{Q}{t} \rightarrow Q = I \cdot t = 1\,A \cdot 1\,s = 1\,As = 1\,C \quad \text{(1 Coulomb)}$$

4. Dazu setzen wir die Benzinstromstärke wie folgt fest:

   $$I = \frac{L}{t} = \frac{89\,L}{9\,s} = \frac{89}{9}\,\frac{L}{s} = 9{,}9\,\frac{L}{s} \quad \text{(also 9,9 Liter pro Sekunde).}$$

11 Watt ihr Volt

1. Der elektrische Widerstand berechnet sich wie folgt:

$$R = \frac{U}{I} = \frac{230\ \text{V}}{0{,}05\ \text{A}} = \frac{230\ \text{V}}{0{,}05\ \text{A}} = 4600\ \Omega$$

Umformen und Einsetzen führt zu folgendem Ergebnis:

$$R = \frac{U}{I} \rightarrow$$

$$I = \frac{U}{R} = \frac{230\ \text{V}}{1200\ \Omega} = \frac{230}{1200}\,\frac{\text{V}}{\text{V/A}} = \frac{230}{1200}\,\frac{\text{VA}}{\text{V}} = 0{,}192\ \text{A} = 192\ \text{mA}$$

Gefahr!

2. Der Abstand Hand und Bauch ist nur halb so lang wie der Abstand zwischen den Händen; daher reduziert sich der Körperwiderstand auch um die Hälfte.
3. Ein Computermonitor hat eine Leistung von P = 350 W. Bei 35 Stunden Betrieb entnimmst du dem elektrischen Haushaltsnetz Energie.

   $$P = \frac{W}{t} \rightarrow$$

   $$W = P \cdot t = 350\ \text{W} \cdot 35\ \text{h} = 12250\ \text{Wh} = 12{,}250\ \text{kWh}$$

   $$12{,}250\ \text{kWh} \rightarrow 12{,}250 \cdot 15\ \text{Ct} = 183{,}75\ \text{Ct} \approx 1{,}85\ \text{Euro}$$

   Der Monitorbetrieb kostet dich knapp 2 Euro.
4. Sind viele elektrische Geräte eingeschaltet, bewegt sich das Zählrad besonders schnell.

12 Experimente zu Ladung und Spannung

1. Aluminiumkämme eignen sich überhaupt nicht für Ladungsversuche. Aluminium ist ein Metall und wie jedes andere Metall auch ein guter elektrischer Leiter, der sich durch Reiben nicht elektrostatisch aufladen lässt. Erst wenn Metalle mit Isolatoren verbunden werden, kann man verhindern, dass Ladungen abfließen.

2. Stecke dazu zwei Büroklammern in einem Abstand von 1 cm in eine rohe Kartoffel und schalte diese in einen Stromkreis, bestehend aus einer Flachbatterie, Glühlämpchen und Zuleitungskabeln.

13 Was Licht ist

1. Gäbe es Sehstrahlen, so würden sich die Gegenstände, die wir betrachten, langsam, aber sicher auflösen.

2. Besonders große Schatten erzeugst du, wenn du z.B. deine Hände nahe an die Kerzenflamme hältst (dabei wird der Schatten etwas unscharf; ausprobieren).

3. Eine Mondfinsternis ist nur bei Vollmond (also in der Nacht) zu beobachten; dabei fällt der Erdschatten auf den voll beleuchteten Mond. Nur am Tage kannst du eine Sonnenfinsternis bei Neumond beobachten. Der von der Erde aus nicht sichtbare Mond schiebt sich dabei zwischen Sonne und Erde und wirft seinen kleinen Schatten auf die Erde.

4. Etwa 2,5 Sekunden. Wenn du es genau wissen möchtest, kannst du es berechnen:

   $$v = \frac{s}{t} \rightarrow$$

   $$t = \frac{s}{v};\ s = 2 \cdot 384.400\ \text{km};\ v = 299.458\ {}^{\text{km}}\!/_{\text{s}}$$

   $$t = \frac{2 \cdot 384.400\ \text{km}}{299.458\ {}^{\text{km}}\!/_{\text{s}}} = 2{,}57\ \text{s}$$

5. Bei dem Maurer-Lot handelt es sich um eine Schnur mit einem Gewicht. Hältst du diese Schnur aufrecht mit einer Hand, »zieht« das Gewicht die Schnur senkrecht nach unten. Die Schnur bildet also ein Lot zum Erdboden.

6. Da das Licht von einem Fisch im Wasser reflektiert wird und auf seinem Weg aus dem Wasser heraus in die Luft vom Lot weg gebrochen wird, musst du mit einer Harpune beim Fischfang stets etwas tiefer zielen.

14 Der kürzeste Weg ist nicht immer der schnellste

1. Wählt Harry den Weg 1, hat er sich für den längsten Weg sowohl über Sand als auch über Wasser entschieden. Eine Rettung wird kaum möglich sein. Weg 5 stellt zwar den kürzesten Weg über Wasser dar, aber auf dem langen Weg über Sand verliert hier Harry wiederum wertvolle Zeit.

2. Betrachtest du die einzelnen Buchstaben in diesem Buch, indem du deine Lupe zunächst auf die Buchstaben legst und anschließend den Abstand vergrößerst, findest du einen Abstand, bei dem das Bild unscharf wird und anschließend auf dem Kopf verkleinert zu sehen ist. Dieser Abstand stellt ungefähr die Brennweite deiner Lupe dar.

15 Experimente zu Licht und Schatten

Im Haushalt findest du viele durchsichtige Gegenstände, die sich als Lupe eignen.

Probier doch ein mit Wasser gefülltes verschlossenes glattes Marmeladenglas oder eine bauchige mit Wasser gefüllte Blumenvase aus. Zu zweit macht das Experimentieren sowieso mehr Spaß; schaut euch einmal durch diese Lupen in die Augen.

Viel Spaß!

Stichwortverzeichnis

Numerisch

A

B

C

D

E

F

G

H

I

J

K

L

M

N

O

P

Q

R

S

T

U

V

W

Y

Z

Bonus

Reaktionen, Formeln und Gleichungen

Du weißt bereits, dass bei chemischen Reaktionen die Ausgangsstoffe verschwinden und durch andere Stoffe – die Reaktionsprodukte – ersetzt werden. Der Benzintank wird leer, die Abgase verpesten die Luft. Über sechs Millionen unterschiedliche chemische Reaktionen sind mittlerweile bekannt. Zeit also, uns einen Überblick zu verschaffen und chemische Reaktionen nach bestimmten Kriterien einzuordnen.

In diesem Kapitel erfährst du

- woran man chemische Reaktionen erkennt
- welche Voraussetzungen sie haben
- warum manche Reaktionen Wärme liefern und andere Wärme verbrauchen
- wie sich die Chemiker den Ablauf chemischer Reaktionen vorstellen
- welche Rolle die Energie dabei spielt
- wovon die Geschwindigkeit chemischer Reaktionen abhängig ist
- in welchen Verhältnissen Stoffe reagieren
- wie der Chemiker chemische Reaktionen beschreibt
- wie man den Ablauf chemischer Reaktionen beeinflussen kann

Woran erkennt man chemische Reaktionen?

Ist dir schon mal passiert, dass du eine Pizza im heißen Backofen vergessen hast? So etwas merkt man spätestens dann, wenn sich ein scharfer Geruch in der Küche verbreitet. Aus dem Backofen quillt dunkler Qualm (Rauch = heterogenes Gemisch), die Pizza ist nur noch ein schwarzer Klumpen. Das sind die Überreste der leckeren Pilze, Salamischeiben und Käsestücke. Eindeutig eine chemische Reaktion – und deshalb wollen wir sie uns genauer ansehen.

Voraussetzung war eine längere Zeit anhaltende Wärmezufuhr. Erkennbar war die Reaktion am Verschwinden der Ausgangsstoffe (Pilze, Salamischeiben, Käsestücke, Teig beziehungsweise der chemischen Verbindungen, die diese Stoffe gebildet haben) und am Entstehen von Reaktionsprodukten, die es vorher in der Küche noch nicht gab (schwarze Masse, Rauchpartikel, Geruchsstoffe beziehungsweise die chemischen Verbindungen, die diese Stoffe bilden).

Du wirst einwenden, dass auch beim »normalen« Pizza-Aufwärmen ein neuer Geruch entsteht. Ist das auch eine chemische Reaktion? So überraschend es klingt – ja, auch hier laufen chemische Reaktionen ab. Sie sind recht kompliziert und werden »Maillard-Reaktionen« genannt. Aus Zuckerarten (Kohlenhydraten) und Eiweißstoffen entstehen neue Verbindungen – man riecht sie mit Genuss! In der Mikrowelle entstehen sie übrigens kaum, weil die Temperatur dort zu niedrig ist. Deshalb machen manche Feinschmecker und Profi-Köche auch einen großen Bogen um die Mikrowelle.

Daraus hast du schon gelernt:

Unterschiedliche chemische Reaktionen benötigen unterschiedlich viel Wärme.

Wärmezufuhr oder Wärmeabgabe?

Aber es gibt noch einen wichtigeren Unterschied: Wenn wir die schon leicht dunkel werdende Pizza gerade rechtzeitig aus dem Backofen holen, können wir sie noch essen – die chemischen Zersetzungsreaktionen hören

sofort auf. Sie benötigen zu ihrem Ablauf *ständige Wärmezufuhr*. Auch deine Haut zeigt ganz verschiedene Reaktionen, je nachdem wie lange du unter dem Solarium liegst. Die weiße Hautfarbe verschwindet und wird durch rötliche oder schwärzliche Farbstoffe ersetzt. Nach dem Abschalten der UV-Bestrahlung wird aber keine *zusätzliche* Rötung oder Bräunung verursacht. Diese Hautreaktionen benötigen damit zu ihrem fortschreitenden Ablauf die *ständige »Zufuhr« von UV-Licht*. Wärmezufuhr wird hier durch die Einwirkung *energiereicher Strahlung* ersetzt.

Manche Reaktionen benötigen ständige Energiezufuhr.

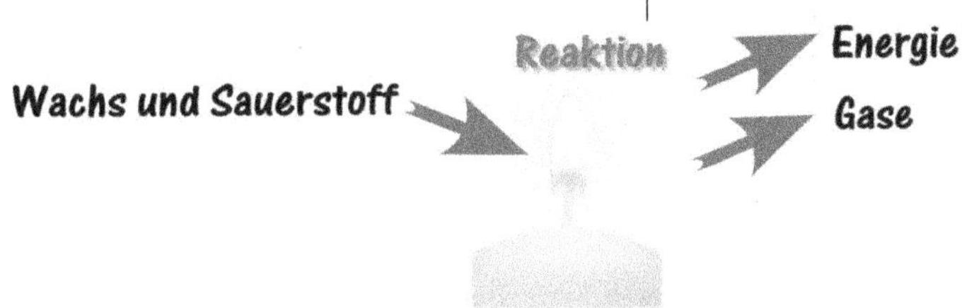

Abb. 4.1: Chemische Reaktion mit Energieabgabe

Wer andererseits einen Holzofen anheizt, kann nach dem Start der Verbrennungsreaktion die Streichhölzer weglegen – die Reaktion läuft *von selbst und liefert Wärme*. Wir müssen nur hin und wieder Holz nachlegen, den Kaminschieber zum Abzug der Verbrennungsgase offen halten und gelegentlich die Asche entfernen. Einen ähnlichen Vorgang können wir bei so genannten »Leuchtstäben« beobachten. Ein Knick startet eine Reaktion, die *von selbst* läuft und *ständig Licht erzeugt*, also *Strahlungsenergie*. Wärmeabgabe wird hier durch die Abgabe von Strahlung ersetzt. Nach einiger Zeit hört das Leuchten auf, die Ausgangsstoffe sind verbraucht, der Leuchtstab ist dann nicht mehr zu gebrauchen.

Andere Reaktionen setzen Energie frei.

Bei chemischen Reaktionen muss also nicht unbedingt Wärme die Hauptrolle spielen, es können auch andere Energieformen sein. Wir wollen des-

halb ganz allgemein von *Energie* sprechen und unsere bisherigen Erkenntnisse so zusammenfassen:

> Wir erkennen chemische Reaktionen am Stoffumsatz und am Energieumsatz. Ausgangsstoffe verschwinden und werden durch Reaktionsprodukte ersetzt. Energie muss entweder zugeführt werden oder Energie wird frei.

Nach dieser grundsätzlichen Klärung untersuchen wir die nächsten Fragen: Welche Voraussetzungen müssen gegeben sein, damit Stoffe überhaupt miteinander reagieren können? In welchen Fällen beginnen chemische Reaktionen praktisch von selbst, wenn wir nur die Ausgangsstoffe zusammenbringen; in welchen Fällen muss man diesen Reaktionsstart erzwingen?

Zusammenstoß mit Folgen – wann reagiert was?

Welche Voraussetzungen müssen für eine Freundschaft oder gar für eine Liebesbeziehung zwischen zwei Menschen gegeben sein? Dazu müssen sie sich erst mal begegnen. Dann müssen sie miteinander Kontakt aufnehmen – und zwar etwas intensiver als nur mit einer oberflächlichen Begrüßung. Nur so können unsere zwei Menschen beurteilen, ob sie auch zusammenpassen. Manchmal (»Liebe auf den zweiten Blick«) muss dazu der Kontakt schon sehr hartnäckig aufrechterhalten werden. Läuft bei dieser Kontaktaufnahme etwas schief, kommen aber auch die theoretisch »idealen Partner« nicht zusammen! Ist nach der besonderen Anspannung der Phase des Kennenlernens schließlich eine normale Beziehung zustande gekommen, kann sie auch wieder auseinander gehen. Eine feste Beziehung hält größere Belastungen aus als eine labile. Belastend können beispielsweise von außen kommende Schikanen sein (dem Paar wird »die Hölle heiß gemacht«). Belastend kann aber auch der Kontakt mit einem attraktiven Dritten sein: Ist er der einen Hälfte unseres Paares noch sympathischer als der bisherige Partner, wird möglicherweise die Beziehung zerfallen und eine neue begründet.

Atome sind auch nur Menschen

Übertragen wir das auf chemische Reaktionen. Die unterschiedlichen Atome (oder Atomverbände) müssen sich erst mal begegnen, das heißt, die Ausgangsstoffe müssen zusammengebracht werden.

Es sollte dabei zu möglichst häufigen Teilchenbegegnungen kommen.

Dann müssen diese Teilchen intensiveren Kontakt aufnehmen.

Das geht nur durch Zusammenstöße mit einer gewissen Energie. Wie groß diese Mindestenergie sein muss und wie gut die Chancen sind, dass ein Zusammenstoß erfolgreich verläuft, ist äußerst unterschiedlich.

Es kommt dabei – wie im Menschen-Beispiel – nicht nur auf die *Wucht*, sondern auch auf die *Art* des Zusammenstoßes an. Die Teilchen müssen sich sozusagen mit der *richtigen Seite* treffen. Und: Auch bei Atomen gibt es »Sympathie«, »Abneigung« und »Liebe auf den zweiten Blick«. Bei diesen Zusammenstößen entsteht im Erfolgsfall zunächst kurzzeitig ein besonders energiereicher, so genannter *aktivierter Zustand* (»Phase des Kennenlernens«). Die Teilchen werden bildlich gesprochen kurzzeitig »zusammengequetscht«.

Aus diesem aktivierten Zustand bilden die Teilchen anschließend beständige neue Atomverbände; dabei wird unterschiedlich viel Energie frei. Diese frei werdende Energie kann *höher* oder *niedriger* sein als die anfangs zugeführte so genannte Aktivierungsenergie (siehe unten).

Die neu entstandene chemische Verbindung kann bei Belastung auch wieder zerfallen, z.B. durch Erhitzen (»die Hölle heiß machen«) oder durch Reaktion mit anderen Stoffen (»attraktiver Dritter«).

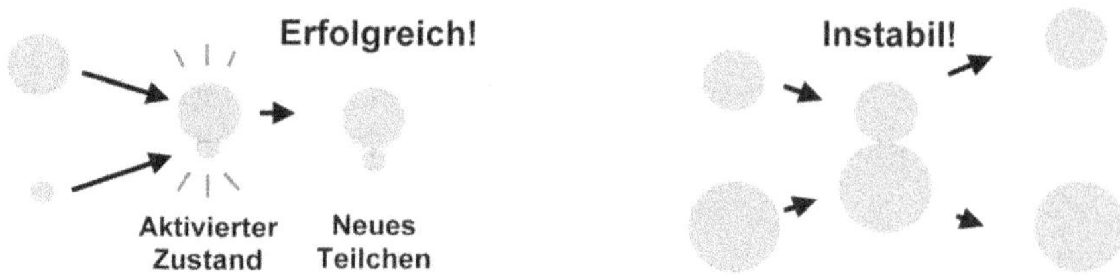

Abb. 4.2: Teilchenzusammenstöße mit und ohne Folgen

Chemische Reaktionen können nur ablaufen, wenn die Teilchen mit einer bestimmten Energie und mit einer bestimmten räumlichen Orientierung zusammenstoßen. Bei diesen Teilchen kann es sich um Atome oder um Atomverbände handeln. Bei erfolgreichen Zusammenstößen entstehen aus einem aktivierten Zustand stabile neue Atomverbände. Dabei wird Energie frei. Wenn beim Zusammenstoß instabile Teilchen entstehen, zerfallen diese wieder in die Ausgangsteilchen.

Zerkleinerung und Oberfläche

Aber jetzt mal ganz systematisch: Erste Voraussetzung chemischer Reaktionen waren möglichst häufige Teilchenbegegnungen. Was das praktisch bedeutet, zeigt ein kleines (Gedanken-)Experiment: Versuche mit einem Streichholz einen Holzklotz anzuzünden. Zerkleinere dann den Holzklotz zu Sägemehl und wiederhole den Versuch. In welchem Fall wird es wohl eher gelingen? Natürlich mit dem Sägemehl – hier ist die Oberfläche gegenüber dem Sauerstoff der Luft viel größer, die Teilchen des Holzes und des Sauerstoffs können sich viel häufiger begegnen! Ein weiteres Gedankenexperiment zeigt die Oberflächenvergrößerung einleuchtend: Zerlege einen Holzwürfel von zehn Zentimeter Kantenlänge in acht gleichgroße kleinere Würfel (fünf Zentimeter Kantenlänge) und vergleiche die Oberflächen. Großer Würfel: 600 cm^2. Jeder kleine Würfel hat bereits 150 cm^2 Oberfläche, zusammen haben sie 1200 cm^2 – eine Verdoppelung der Oberfläche durch diese Teilung!

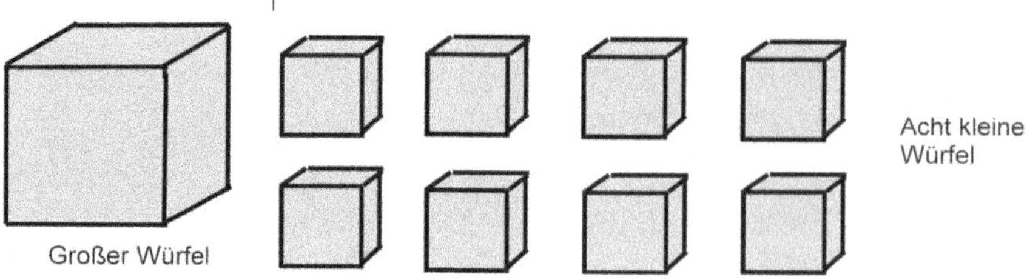

Abb. 4.3: Oberflächenvergrößerung

Bleiben wir beim Sägemehl: Die Oberfläche *gegenüber Sauerstoff* kann noch erhöht werden, wenn wir das Sägemehl in die Luft blasen. Die Reaktion beim Anzünden kann dann noch heftiger ablaufen. Du kennst das vielleicht von den Nachrichten über Kohlenstaubexplosionen in Bergwerken. Der fein verteilte Kohlenstaub ist so gut mit dem Luftsauerstoff vermischt, hat damit eine so große Oberfläche gegenüber dem Reaktionspartner, dass die normalerweise eher gemütliche Kohleverbrennung explosionsartig abläuft.

> Es kommt auf die Oberfläche gegenüber dem Reaktionspartner an. Dafür entscheidend sind der Zerteilungsgrad und die Durchmischung.

So, diese Voraussetzung sei gegeben – die Stoffe sind fein zerteilt und gut durchmischt. Fehlt noch was? Aber ja – Kohlenstaubexplosionen zum Beispiel finden glücklicherweise nicht schon beim Auftreten von Kohlenstaub statt, sondern erst nach Zündung durch einen Funken. Du kannst dir nach unserer Stoßtheorie bereits vorstellen, was dieser Funke bewirkt: Er gibt einigen Teilchen die notwendige Energie zu einem »erfolgreichen« Zusammenstoß. Und offenbar setzen diese anfänglichen Zusammenstöße so viel Energie frei, dass auch die übrigen Teilchen reagieren können. Du kennst das: Sogar fein verteiltes Benzin im Automotor braucht den Funken der Zündkerze, um dann explosionsartig zu verbrennen und den Kolben nach unten zu treiben.

> Anfänglich muss bei *allen* chemischen Reaktionen Energie zugeführt werden, damit es zu ersten erfolgreichen Teilchenzusammenstößen kommt. Man nennt diese Energie Aktivierungsenergie.

Reaktionen ohne Energiezufuhr?

Aber es scheint auch Reaktionen zu geben, bei denen diese anfängliche Energiezufuhr gar nicht nötig ist: Autos rosten auch bei Minusgraden, wenn man die Streusalzreste nicht entfernt. Joghurt verdirbt auch im Kühlschrank, wenn das Haltbarkeitsdatum überschritten wird. Säureflecken (z.B. aus Erbrochenem; es handelt sich um Salzsäure) zerfressen sofort Textilien, ohne dass dafür Energiezufuhr nötig wäre. Sind das Gegenbeweise? Zur Klärung erinnern wir uns an den Zusammenhang zwischen Temperatur und Teilchenbewegung. Die tiefste theoretisch mögli-

che, praktisch aber unerreichbare Temperatur ist –273,15 °C oder 0 K. Hier gibt es keine Teilchenbewegung mehr. Bei jeder anderen Temperatur aber bewegen sich die Teilchen mehr oder weniger stark!

Je höher die Temperatur steigt, desto stärker wird die Teilchenbewegung. In manchen Fällen ist die Energie dieser Bewegung bereits bei tieferen Temperaturen ausreichend zur Reaktionsauslösung ohne *zusätzliche* Wärmezufuhr. Die Aktivierungsenergie wurde aber auch in diesen Fällen letztlich von außen zugeführt (durch Wärmeaustausch mit der Umgebung erreichte der Stoff seine gegenwärtige Temperatur).

Alles stimmt: Die Teilchen treffen mit der nötigen Energie und in der richtigen räumlichen Orientierung aufeinander. Und trotzdem klappt es nicht immer – die nach dem Zusammenstoß entstehenden Teilchen sind so instabil, dass sie sofort wieder in die Ausgangsteilchen zerfallen. Edelgase sind solche Kandidaten, die einfach nicht reagieren wollen. Auch der Stickstoff der Luft weigert sich trotz ständiger Anwesenheit (fast immer) hartnäckig, an den vielfältigen Reaktionen des Sauerstoffs der Luft teilzunehmen. Das ist nicht selbstverständlich: Vor den ersten Testexplosionen der Atombomben und Wasserstoffbomben gab es ernsthafte Befürchtungen unter den Wissenschaftlern, der Stickstoff könnte bei dieser großen Aktivierungsenergie mit dem Luftsauerstoff reagieren und in einem »Atmosphärenbrand« die Menschheit auslöschen – glücklicherweise ist es nicht dazu gekommen. Woran liegt diese Reaktionsträgheit mancher Stoffe?

Tabelle 4.1: Beispiele reaktionsfähiger und reaktionsträger Elemente

Sehr reaktionsfähige Elemente	Sehr reaktionsträge Elemente
Alkalimetalle, Calcium, Strontium, Barium (typische Metalle), Halogene, Sauerstoff (typische Nichtmetalle)	Edelgase, Stickstoff, Gold, Silber, Platin

Sympathie ist Stabilitätssache

Offenbar sind die kleinsten Teilchen reaktionsträger Stoffe so stabil, dass sie den Versuchen widerstehen, ihren Zustand zu ändern.

Stabilität aber heißt in der Naturwissenschaft »Zustand mit niedriger Energie«.

Was ist die stabilere Lage, auf einem Hochseil balancieren oder darunter gemütlich auf einer Bank sitzen? Natürlich auf der Bank – aber was hat das mit Energie zu tun? Das wird klar, wenn wir uns vorstellen, wie der Artist auf das Hochseil kam – dafür musste er arbeiten, und damit hat er da oben mehr Energie. Wenn er herunterfällt (was wir uns natürlich nicht wünschen), verliert er diese Energie wieder. Sie wird an die Umgebung abgegeben, was wir an den Wirkungen des Aufpralls erkennen könnten. Außerdem geht das Runterfallen sozusagen von allein, während das Hochsteigen viel Mühe kostete. Es ist jedenfalls noch nie beobachtet worden, dass ein Artist von selbst nach *oben* fällt ... Die stabilere Lage auf der Bank beruht also auf ihrer niedrigeren Energie. Dieser stabilere Zustand niedrigerer Energie wird von selbst erreicht, Abweichungen davon bedürfen der Energiezufuhr. Wir können diese Beobachtungen verallgemeinern und auf die Atome und Atomverbände anwenden.

> Die kleinsten Teilchen reaktionsträger Stoffe befinden sich in einem besonders energiearmen und damit besonders stabilen Zustand. Sie können diesen Zustand nur verlassen, wenn ihnen von außen sehr viel Energie zugeführt wird.

Die besonders reaktions*fähigen* Stoffe müssen sich demnach in einem besonders energie*reichen*, instabilen Zustand befinden. Wir können diese Stabilitätsunterschiede der Teilchen vorerst nur zur Kenntnis nehmen – das daltonsche Atommodell gestattet uns noch keinen Blick in das *Innere* der Atome. Aber nur dort kann die Erklärung liegen. In Kapitel 5 werden wir deshalb ein anderes Atommodell verwenden. Vorerst genügt uns jedoch die daltonsche Atomvorstellung!

Abb. 4.4: Energie und Stabilität

Fassen wir noch mal zusammen:

> Voraussetzungen für den Start chemischer Reaktionen:
> - Reaktionsfähigkeit der Ausgangsstoffe
> - Möglichst große Oberfläche durch hohen Zerteilungsgrad
> - Gute Durchmischung, Aktivierungsenergie

Exotherm und endotherm – Wärme kommt, Wärme geht

Erinnere dich an den Unterschied zwischen der Pizza-Verkohlung und der Holzverbrennung im Ofen. Die erste Reaktion braucht ständige Wärmezufuhr, die zweite dagegen liefert Wärme. Der Unterschied besteht offenbar in der Situation nach den erfolgreichen Zusammenstößen der Teilchen aufgrund der zugeführten Aktivierungsenergie. Geben sie *mehr* Energie ab, als vorher zur Aktivierung zugeführt wurde, oder *weniger*? Im Schaubild werden die Energieverhältnisse deutlich:

Abb. 4.5: Endotherme (Wärme verbrauchende) Reaktion

Die hier dargestellte Reaktion benötigt ständige Energiezufuhr. Wir nennen solche Reaktionen *endotherm.* Durch die Energieabgabe nach den erfolgreichen Teilchenzusammenstößen wird nur ein Teil der Aktivierungsenergie zurückgewonnen.

Ganz anders die folgende Reaktion:

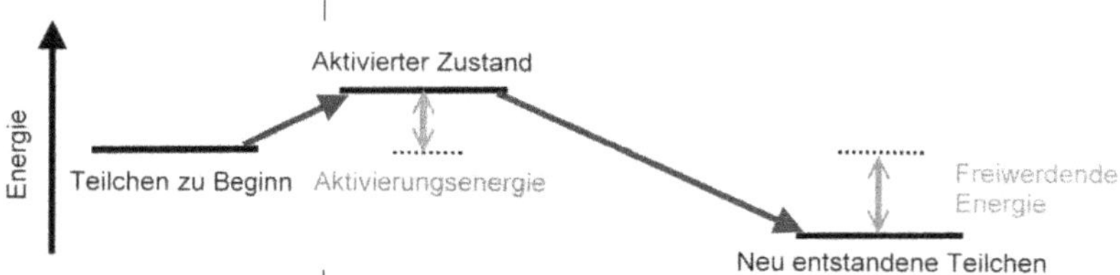

Abb. 4.6: Exotherme (Wärme liefernde) Reaktion

Die hier dargestellte Reaktion setzt Energie frei. Wir nennen solche Reaktionen *exotherm.* Es wird nicht nur die Aktivierungsenergie zurückgewonnen, sondern auch ein darüber hinausgehender Energiebetrag.

Hin und zurück

Ein bedeutendes Beispiel einer endothermen Reaktion hast du bereits kennen gelernt: die Fotosynthese, bei der grüne Pflanzen aus Kohlenstoff-

dioxid und Wasser die wertvollen Stoffe Zucker und Sauerstoff erzeugen. Dazu ist ständige Zufuhr von Sonnenlicht (UV-Strahlung) notwendig. Die Produkte dieser Reaktion besitzen also nach unserem Schaubild einen höheren Energie-Inhalt als die Ausgangsstoffe. Wir können diese Reaktion (nennen wir sie gleich die *Hinreaktion*, siehe unten) auch in der folgenden Form darstellen:

Kohlenstoffdioxid + Wasser + Energie → Zucker + Sauerstoff

Der höhere Energie-Inhalt wird einsichtig, wenn du dir diese Reaktion einmal andersherum – als *Rückreaktion* – vorstellst: Zucker wird angezündet und verbrennt zu Kohlenstoffdioxid und Wasser (es ist nicht ganz einfach, Zucker anzuzünden, aber mit einem »Trick« gelingt es. Du wirst diesen »Trick« gleich kennen lernen!). Der Weg in unserem Diagramm – der »Reaktionspfad«, wie er auch genannt wird – wird in der Gegenrichtung zurückgelegt, es wird Wärme frei. Verbrennungen sind exotherme Reaktionen!

Zucker + Sauerstoff → Kohlenstoffdioxid + Wasser + Energie

Ein anderes, technisches Beispiel einer endothermen Reaktion: Aus Kalkstein wird durch hohe Energiezufuhr »gebrannter Kalk« hergestellt. Auch hier müssen die Reaktionsprodukte einen höheren Energie-Inhalt als der Ausgangsstoff besitzen, auch hier ist (auf dem Umweg über eine Reaktion mit Wasser) die Rückreaktion möglich, und selbstverständlich ist sie exotherm.

Hinreaktion: Kalkstein + Energie → gebrannter Kalk + Kohlenstoffdioxid

Rückreaktion (in zwei Schritten):
Gebrannter Kalk + Wasser → Gelöschter Kalk + Energie
Gelöschter Kalk + Kohlenstoffdioxid → Kalkstein + Wasser + Energie

Die freigesetzte Energie bei den Rückreaktionen ist insgesamt genauso groß wie der Energiebedarf bei der Hinreaktion; das »Hilfsmittel« Wasser wird zurückgewonnen.

> Die Begriffe exotherm und endotherm werden auch auf physikalische Vorgänge wie beispielsweise das Lösen eines Stoffes in Wasser angewendet.

Die Verbindung Natriumchlorid, die wir als Kochsalz kennen, löst sich unter Abkühlung in Wasser – ein endothermer Lösungsvorgang. Die Verbindung Natriumhydroxid, aus den Elementen Natrium, Sauerstoff und Wasserstoff gebildet und wesentlicher Bestandteil von Abflussreinigern, dagegen löst sich unter deutlicher Erwärmung – ein exothermer Lösungsvorgang. Auch hier gelten die Energiebetrachtungen: Die Kochsalz*lösung* hat offenbar einen *höheren* Energie-Inhalt als die getrennten Bestandteile festes Kochsalz/reines Wasser, während die Abflussreiniger-*Lösung* einen *niedrigeren* Energie-Inhalt hat als fester Abflussreiniger/reines Wasser.

Die Maßeinheit der Energie

Energie ist eigentlich die Spezialität der Physiker, aber in Kapitel 1 wurde es schon erwähnt: Jeder gute Chemiker muss auch etwas von Physik verstehen (und umgekehrt). Werden wir also ein bisschen genauer mit der Energie! Sie hat, wie der Weg (ein Meter – 1 m), die Masse (ein Kilogramm – 1 kg) und die Zeit (eine Sekunde – 1 s), eine Einheit: das *Joule*. Benannt ist diese Einheit nach dem englischen Physiker J. P. Joule (1818–1889). Du kannst sie dir leicht vorstellen:

> Eine 100-Gramm-Tafel Schokolade wird einen Meter hoch angehoben und bekommt dadurch die Energie 1 Joule (1 J). Wenn die Tafel Schokolade runterfällt, wird diese Energie wieder frei (sie bewirkt dadurch meistens das Zerbrechen der Tafel).

Da dies ein »mechanisches« Beispiel ist und wir gerade mit Wärmemengen umgehen, hier noch ein anderer Vergleich: Um ein Gramm Wasser um ein Grad zu erwärmen, benötigt man die Energiemenge 4,2 J. Diese Energiemenge nannte man früher »eine Kalorie«. Da ein Liter Wasser die Masse

1000 g (1 kg) hat, muss man hier die Energiemenge 4200 J (4,2 kJ – 4,2 Kilojoule) zuführen, das nannte man früher »eine Kilokalorie«.

Die bei chemischen Reaktionen umgesetzte Energie wird in der Einheit 1 kJ (gleich 1000 J) angegeben.

Um dir eine Vorstellung der mit chemischen Reaktionen üblicherweise verbundenen Energiemengen zu geben: Dein Energieumsatz pro Tag liegt bei etwa 7000 bis 9000 kJ. »Nur« etwa 60% davon werden als Wärme umgesetzt, der Rest von 40% als verrichtete Arbeit (Muskeln, Herz usw.). Diese 40% der Energie werden zuerst weitgehend in den »wiederaufladbaren Körperakkus« gespeichert, von denen in Kapitel 3 (Vorstellung des Elements Wasserstoff) bereits die Rede war. Es handelt sich dabei um eine komplizierte Verbindung namens Adenosintriphosphat (ATP). Weil die Einbeziehung solcher »höheren« Energieformen recht schwierig ist, wollen wir uns hier – wie auch im Chemieunterricht der ersten Schuljahre üblich – auf die Betrachtung der Energieform *Wärme* beschränken.

Die Energieabgabe oder -zufuhr bewirkt einen unterschiedlichen Energieinhalt der Ausgangsstoffe und der Produkte. Diese Energiebeträge sind natürlich auch von der Zahl der umgesetzten Teilchen abhängig.

Energie und Enthalpie

Bei der Angabe der umgesetzten Energie gilt die folgende Regel:

Die umgesetzte Energie wird auf eine bestimmte Zahl umgesetzter Teilchen bezogen und als *Energiedifferenz* mit dem vorgesetzten griechischen Zeichen Δ (delta; bedeutet *Differenz*) angegeben nach der Rechenvorschrift
Energie der *Produkte* minus Energie der *Ausgangsstoffe* = Reaktionsenergie

Bei *endothermen* Reaktionen hat die Reaktionsenergie ein *positives* Vorzeichen
(Energie der Produkte > Energie der Ausgangsstoffe).

–Fortsetzung

Bei *exothermen* Reaktionen hat die Reaktionsenergie ein *negatives* Vorzeichen
(Energie der Produkte $<$ Energie der Ausgangsstoffe).

Wenn wir uns auf die *Energieform Wärme* beschränken, gilt:
Bei der Reaktion umgesetzte *Wärme*mengen werden als *Reaktionsenthalpie* ΔH bezeichnet (H für *Enthalpie = Wärmeinhalt*).

Die erwähnte »bestimmte Zahl umgesetzter Teilchen« ist natürlich riesengroß, weil man bei der Winzigkeit einzelner Teilchen den entsprechenden Einzel-Energieumsatz gar nicht bestimmen könnte. In der Regel misst man die Energie bei der Reaktion von 602 Trilliarden Teilchen – eine gigantische Anzahl! Wie man gerade darauf kommt? In Kapitel 8 (chemisches Rechnen) wird es erklärt. In der folgenden Tabelle mit Beispielen wird jeweils die Masse der Stoffe angegeben, die bei solchen Teilchenzahlen zustande kommt.

Tabelle 4.2: Beispiele von Reaktionsenthalpien

Reaktion	ΔH	Art
2 g Wasserstoff + 16 g Sauerstoff → 18 g Wasser	– 286 kJ	exotherm
12 g Kohlenstoff + 32 g Sauerstoff → 44 g Kohlenstoffdioxid	– 393,1 kJ	exotherm
24 g Kohlenstoff + 32 g Sauerstoff → 56 g Kohlenstoffmonoxid	+ 222 kJ	endotherm
180 g Zucker + 192 g Sauerstoff → 264 g Kohlenstoffdioxid + 108 g Wasser	– 2870 kJ	exotherm
100 g Kalkstein → 56 g gebrannter Kalk + 44 g Kohlenstoffdioxid	+ 178 kJ	endotherm

Wie erwähnt, die in der Tabelle genannten Massen der reagierenden und entstehenden Stoffe ergeben sich aus der Zahl von 602 Trilliarden Teilchen oder dem ganzzahligen Vielfachen dieser Zahl. Genauere Betrachtung in Kapitel 8!

Geschwindigkeit ist keine Zauberei

Chemische Reaktionen verlaufen mit äußerst unterschiedlichen Geschwindigkeiten: Während eine Knallgasreaktion (Wasserstoff mit Sauerstoff) in Bruchteilen einer Sekunde beendet ist, kann beispielsweise das Entstehen von grünlichen Verbindungen auf Kupferdächern (Kupfer mit sauren Luftverunreinigungen) Jahre dauern. Worauf beruhen derartige Unterschiede? Zunächst natürlich auf der *Art* der reagierenden Stoffe!

Die Voraussetzungen chemischer Reaktionen, die ich in diesem Kapitel beschrieben habe, geben bereits eine zweite Antwort. Im homogenen Knallgasgemisch ist die gegenseitige Oberfläche der Gase sehr viel größer als auf dem Kupferdach. Es können also pro Zeiteinheit sehr viel mehr Teilchen zusammenstoßen. Aber das ist noch nicht die ganze Erklärung. Einen Hinweis gibt uns die Aufschrift auf Joghurtbechern: »Bei +2 °C haltbar bis … «. Wer den Becher nicht in den Kühlschrank stellt, muss mit einem sehr viel schnelleren Verderb rechnen!

Hoher Zerteilungsgrad, gute Durchmischung und erhöhte Temperatur beschleunigen im Allgemeinen den Ablauf chemischer Reaktionen. Als Faustregel geht man davon aus, dass sich bei einer Temperaturerhöhung um 10 °C die Geschwindigkeit einer Reaktion verdoppelt (»Reaktionsgeschwindigkeit-Temperatur-Regel«, kurz RGT-Regel).

Woran liegt diese Abhängigkeit der Reaktionsgeschwindigkeit von der Temperatur? Geht es nicht einfach um die Überwindung des Energiebergs durch Zufuhr von Aktivierungsenergie? Man könnte meinen, hier gäbe es nur ein »Entweder-Oder«: Wenn die notwendige Aktivierungsenergie zugeführt wird, geht alles – wenn nicht, geht gar nichts. So einfach ist es allerdings nicht. Die Teilchen eines Stoffes bewegen sich nämlich bei einer gegebenen Temperatur sehr *unterschiedlich* schnell. Es gibt bei *jeder* Temperatur (über dem absoluten Nullpunkt!) langsame *und* schnelle Teilchen. Damit erklärt sich auch das *allmähliche* Verdunsten von Wasser: Wenn du ein Glas voll Wasser einige Tage stehen lässt, wird die Flüssigkeit auch an einem kühlen Ort immer weniger und ist schließlich ganz verdunstet. Die schnelleren Wasserteilchen – die es auch in kühlem Wasser gibt – können die Flüssigkeit verlassen, der Anteil dieser schnelleren Teilchen bildet sich neu und so geht das weiter, bis das gesamte Wasser gasförmig geworden ist.

Ein paar sind immer schnell ...

Auf chemische Reaktionen übertragen heißt das:

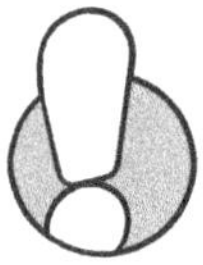

Reagieren kann immer nur der *Anteil* der Teilchen mit der notwendigen Bewegungsenergie. Wenn dieser Anteil klein ist (bei niedrigeren Temperaturen), dann verläuft auch die Reaktion langsam. Ist er aber – durch Temperaturerhöhung – größer, dann verläuft auch die Reaktion schneller. Die Anteile der Teilchen mit den verschiedenen Geschwindigkeiten stellen sich – wie beim verdunstenden Wasser – immer wieder neu ein, so dass die Reaktion weitergehen kann.

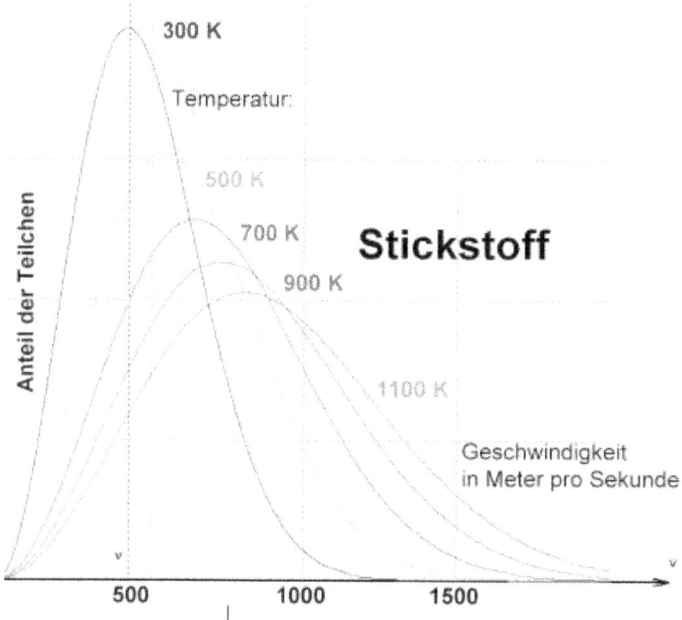

Abb. 4.7: Geschwindigkeitsverteilung bei Stickstoff-Teilchen

Nehmen wir an, für eine bestimmte Reaktion des Stickstoffs müssten die Teilchen eine Geschwindigkeit von mindestens 1500 Meter pro Sekunde haben, um den aktivierten Zustand beim Zusammenstoß mit anderen Teilchen zu erreichen. Bei 300 K (+27 °C) und auch noch bei 500 K (+227 °C) ist dieser Anteil fast null. Erst bei 700 K (+423 °C) hat eine gewisse Zahl von Teilchen die Mindestgeschwindigkeit erreicht, um die Reaktion mit messbarer Geschwindigkeit ablaufen zu lassen. Bei 1100 K aber ist dieser Anteil dreimal höher, die Geschwindigkeit der Reaktion noch bedeutend größer.

Die hilfreichen Geister: Katalysatoren

Zucker ist brennbar, aber es will einfach nicht gelingen, einen Zuckerwürfel mit dem Streichholz oder Feuerzeug in Brand zu setzen! In unseren Körperzellen dagegen macht die Zuckerverbrennung, noch dazu auf eine sehr raffinierte Art und Weise, offenbar überhaupt keine Probleme. Wie schaffen die Zellen das bloß? Der Biologielehrer weiß die Antwort: Sie setzen Enzyme ein!

Diese Enzyme schaffen etwas, wovon jeder Chemiker träumt: Sie verändern den Reaktionspfad und verringern damit die Aktivierungsenergie. Und noch besser: Sie werden bei der Reaktion nicht verbraucht! Es genügen also kleine Mengen dieser Stoffe, da sie – einmal zugefügt – ständig wirksam sein können. Der Chemiker nennt solche Stoffe *Katalysatoren*. Enzyme haben wir gerade nicht zur Hand, aber ein bisschen Zigarettenasche tut es in unserem Fall auch. Auf den Zuckerwürfel gestreut, gelingt die Entzündung (aber bitte für diesen Versuch nicht das Rauchen anfangen)!

Katalysatoren beschleunigen (katalysieren) eine Reaktion, indem sie einen anderen Reaktionsverlauf mit einer geringeren Aktivierungsenergie bewirken. Die Katalysatoren nehmen zwar vorübergehend an der Reaktion teil, stehen aber am Ende wieder unverändert zur Verfügung. Die Absenkung der Aktivierungsenergie ermöglicht auch Reaktionen, die ohne sie praktisch undurchführbar wären.

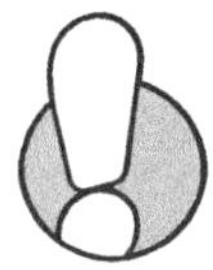

Betrachten wir unser Schaubild:

Abb. 4.8: Exotherme Reaktion mit Katalysator

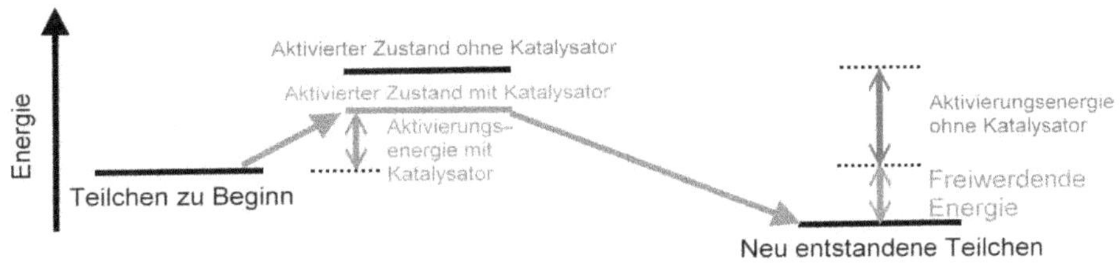

Man sieht sehr deutlich, dass sich die insgesamt freiwerdende Energie (bei endothermen Reaktionen: die insgesamt notwendige Energiezufuhr) durch den Einsatz der Katalysatoren gar nicht verändert.

Was aber abgetragen wird, ist der hohe »Energieberg«, dessen Überwindung manchmal kaum gelingen will.

Ein technisch wichtiges Beispiel verdeutlicht das. Von der Reaktionsträgheit des Stickstoffs war bereits die Rede. Andererseits benötigen Lebewesen (Menschen, Tiere und Pflanzen) Stickstoff zum Eiweißaufbau. Wäre es da nicht am einfachsten, den benötigten Stickstoff einfach aus der Luft zu entnehmen und in geeignete Verbindungen umzuwandeln? Das dachten sich zu Beginn des 20. Jahrhunderts auch die deutschen Chemiker Fritz Haber und Carl Bosch. Die Reaktion

28 g Stickstoff + 6 g Wasserstoff → 34 g Ammoniak $\Delta H = -184$ kJ

ist schließlich deutlich exotherm, also Wärme liefernd! Die Aktivierungsenergie erwies sich aber als so hoch, dass kaum Ammoniak entstand. Die von den beiden Chemikern entwickelte und nach ihnen Haber-Bosch-Verfahren genannte Lösung des Problems lag – neben der Anwendung besonderer Reaktionsbedingungen wie hoher Druck und erhöhte Temperatur – im Einsatz spezieller Katalysatoren aus Metalloxiden. Seit 1916 wurde das Verfahren großtechnisch durchgeführt. Auch heute noch zählt Ammoniak zu den bedeutenden chemischen Grundprodukten (siehe Kapitel 1 und am Ende von Kapitel 4 den Abschnitt *Ammoniak-Synthese*).

Fassen wir die Wirkungsweise der Katalysatoren zusammen:

Durch die Absenkung der Aktivierungsenergie mit Hilfe eines Katalysators wird der Anteil der Teilchen mit der notwendigen Bewegungsenergie größer. Damit kann die Reaktion auch bei niedrigeren Temperaturen schneller ablaufen.

Auch Stoffe haben Verhältnisse

Bei Tabelle 4.2 fällt dir sicher ein Satz aus Kapitel 2 zur Unterscheidung von Gemischen und Verbindungen wieder ein: »Diese (die Verbindungen) enthalten die Grundbausteine (Elemente), aus denen sie zusammengesetzt sind, immer in einem ganz bestimmten Verhältnis, von dem niemals abgewichen wird (sonst wäre es eben eine andere chemische Verbindung).« Genauso ist es: Wasser enthält die Elemente Wasserstoff und Sauerstoff *immer* im Massenverhältnis 1:8 – sonst wäre es eben nicht Wasser. Es gibt nämlich auch eine Verbindung, die Wasserstoff und Sauerstoff im Massenverhältnis 1:16 enthält. Das ist aber nicht Wasser, sondern Wasserstoffperoxid, mit dem gelegentlich Haare blondiert werden!

Kohlenstoffdioxid enthält die Elemente Kohlenstoff und Sauerstoff *immer* im Massenverhältnis 1:2,66, Kohlenstoffmonoxid dagegen diese Elemente *immer* im Massenverhältnis 1:1,33 (siehe Tabelle 4.2). Und so könnte man endlos weitermachen mit den Beispielen. Einsichtig werden diese Verhältnisse, wenn wir mit dem Dalton-Modell die kleinsten Teilchen – die *Atome* – betrachten, die miteinander in *Atomverbänden* verknüpft sind:

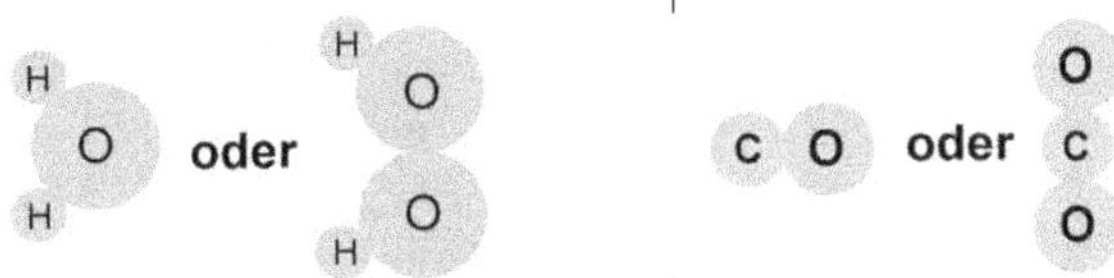

Abb. 4.9: Wasser und Wasserstoffperoxid – Kohlenstoffmonoxid und Kohlenstoffdioxid

Entweder es sind jeweils zwei Atome Wasserstoff mit einem Atom Sauerstoff verbunden – dann handelt es sich um die Verbindung *Wasser*. Nach Dalton haben diese Atome unterschiedliche Masse; ein Sauerstoff-Atom ist 16 Mal so schwer wie ein Wasserstoff-Atom oder eben achtmal so schwer wie zwei Wasserstoff-Atome. Aus dem Atomzahlverhältnis 2:1 folgt damit das Massenverhältnis 1:8. Oder die Atome sind im Verhältnis 2:2 (das kürzen wir zu 1:1) zu *Wasserstoffperoxid* verbunden. Hier folgt aus dem Atomzahl-Verhältnis 1:1 das Massenverhältnis 1:16.

Bei den Kohlenstoff-Oxiden können wir entsprechende Betrachtungen anstellen: Entweder es ist jeweils ein Atom Kohlenstoff mit einem Atom Sauerstoff verbunden – dann liegt *Kohlenstoffmonoxid* vor. Nach Dalton haben die C- und O-Atome unterschiedliche Masse; ein Sauerstoff-Atom ist 1,33 Mal so schwer wie ein Kohlenstoff-Atom. Aus dem Atomzahlverhältnis 1:1 folgt damit das Massenverhältnis 1:1,33. Oder die Atome sind im Verhältnis 1:2 zu *Kohlenstoffdioxid* verbunden. Hier folgt aus dem Atomzahl-Verhältnis 1:2 das Massenverhältnis 1:2,66.

Die Gesetze der Proportionen

Diese Erkenntnisse sind in zwei Gesetzen festgehalten. Das erste wurde von dem französischen Chemiker J. L. Proust zu Anfang des 19. Jahrhunderts formuliert (in Kapitel 3 habe ich ihn bereits erwähnt).

Gesetz der konstanten Proportionen:

In einer chemischen Verbindung sind die Elemente immer in bestimmten Massenverhältnissen (konstanten Proportionen) enthalten.

Zur Deutung dieses Gesetzes stellte John Dalton 1807 seine »Atomhypothese« auf. Er leitete daraus auch das zweite Verhältnis-Gesetz ab, das der *mehrfachen* Verhältnisse.

Gesetz der multiplen Proportionen (mehrfachen Massenverhältnisse):

Wenn zwei Elemente mehrere Verbindungen miteinander bilden, dann stehen die Massenanteile von Element I, die jeweils mit dem *gleichen* Massenanteil von Element II verbunden sind, zueinander im *Verhältnis kleiner ganzer Zahlen.*

Das klingt nur auf den ersten Blick etwas kompliziert, ist aber auf den zweiten Blick genau das, was wir eben für die Wasserstoff-Sauerstoff-Verbindung und für die Kohlenstoff-Sauerstoff-Verbindungen festgestellt haben.

- Sauerstoff kommt in den *Verbindungen mit Wasserstoff* in den Massenverhältnissen *8:1* und *16:1* vor. In Wasser kommen acht Massenteile Sauerstoff auf einen Massenteil Wasserstoff, in Wasserstoffperoxid kommen sechzehn Massenteile Sauerstoff auf einen Massenteil Wasserstoff. Acht und sechzehn stehen zueinander im *Verhältnis kleiner ganzer Zahlen*, nämlich im *Verhältnis 1:2. Wasserstoff* kommt in diesen Verbindungen in den Massenverhältnissen *1:8* und *0,5:8* vor (der Wasserstoffanteil also immer bezogen auf die gleichen acht Massenanteile Sauerstoff). Eins und 0,5 stehen zueinander im *Verhältnis kleiner ganzer Zahlen*, nämlich im *Verhältnis 2:1.*
- Sauerstoff kommt in den *Verbindungen mit Kohlenstoff* in den Massenverhältnissen *1:1,33* und *1:2,66* vor. In Kohlenstoffmonoxid kommen 1,33 Massenteile Sauerstoff auf einen Massenteil Kohlenstoff, in Kohlenstoffdioxid kommen 2,66 Massenteile Sauerstoff auf einen Massenteil Kohlenstoff. 1,33 und 2,66 stehen zueinander wieder im *Verhältnis kleiner ganzer Zahlen*, nämlich im *Verhältnis 1:2. Kohlenstoff* kommt in diesen Verbindungen in den Massenverhältnissen *0,75:1* und *0,375:1* vor (der Kohlenstoffanteil also immer bezogen auf den gleichen Massenanteil Sauerstoff). 0,75 und 0,375 stehen zueinander im *Verhältnis kleiner ganzer Zahlen*, nämlich im *Verhältnis 2:1.*

Dalton und die Proportionen

Die daltonsche Atomvorstellung macht diese Massenverhältnisse einsichtig. Daneben zeigt Tabelle 4.2 aber noch etwas sehr Grundsätzliches, für uns schon allzu Selbstverständliches:

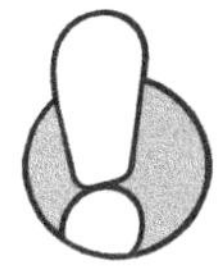

Bei chemischen Reaktionen bleibt die *Masse* der beteiligten Stoffe erhalten. Die Ausgangsstoffe haben zusammengenommen die gleiche Masse wie nachher zusammengenommen die Produkte (Gesetz von der Erhaltung der Masse).

Die daltonsche Atomvorstellung macht auch das einsichtig. In chemischen Reaktionen suchen sich die Atomteilchen neue Partner, sie »arrangieren« sich neu. Die *Zahl* und die *Art* der Atome ändern sich dabei aber nicht! Es geht ja kein Teilchen verloren und es fällt keines vom Himmel – wie sollte sich da die Masse ändern? *Vor* Dalton war das aber gar nicht so klar. Und deshalb war dieses Gesetz, 1785 von dem französischen Chemiker Lavoisier aufgestellt, für die damalige Zeit eine bedeutende und überraschende Erkenntnis.

Formeln, nichts als Formeln ...

Aber jetzt bitte nicht erschrecken – im Grunde sind Formeln ja nur eine Folge der menschlichen Faulheit. Ist es auf Dauer nicht etwas umständlich, immerzu Sätze der folgenden Art zu schreiben:

»Eisen und Schwefel reagieren im Atomverhältnis 1:1 zu Eisensulfid.«

Geht so was nicht kürzer und knapper? Aber sicher doch! Erinnern wir uns: Statt *Eisen* können wir das Symbol *Fe* verwenden, statt *Schwefel* das Symbol *S*. Atomzahlverhältnis 1:1 bedeutet, dass in der Verbindung auf jedes Fe-Atom genau *ein* S-Atom entfällt. 1:1 ist als Verhältnisangabe dasselbe wie 3:3 oder wie 10:10 – man benutzt aber die *kleinstmöglichen Zahlen*. Wir können die Verbindung deshalb »Eisen-Schwefel« oder eben Eisensulfid nennen – oder wir hängen einfach die Symbole aneinander:

FeS. Das nennt man eine *Summenformel.* In unserem Kürzungsbemühen stört jetzt noch der Ausdruck »reagieren (...) zu ...«. Das kriegen wir auch noch weg – wir ersetzen es durch einen Pfeil! Das Endergebnis:

$Fe + S \rightarrow FeS$

Diese Kurzform nennt man Reaktionsgleichung.

Gelesen wird diese Reaktionsgleichung genauso wie der Satz oben, im Unterschied zu ihm ist sie aber international verständlich. Alle Wissenschaftler dieser Erde, die die gleichen Schriftzeichen verwenden, werden den Vorgang genauso formulieren! Es handelt sich – das sei ausdrücklich gesagt – um die Beschreibung eines *Vorgangs.* Der Pfeil bedeutet »reagieren zu«. Also bitte den Pfeil nicht als »ist gleich« lesen – das wäre falsch! Fe + S ist *nicht* gleich FeS! Die Bezeichnung als *Gleichung* hat einen anderen Grund:

Nach dem Gesetz der Erhaltung der Masse müssen links und rechts gleich viele Symbole jedes Elements stehen, weil wir diese Symbole als Stellvertreter für jeweils *ein Atom* dieses Elements verstehen.

Speziell bei chemischen Berechnungen kann man diese Symbole auch anders deuten, aber davon mehr in Kapitel 8.

Die Knallgasreaktion

Nehmen wir uns gleich ein etwas komplizierteres Beispiel vor: die Reaktion von Wasserstoff und Sauerstoff zu Wasser, die als Knallgasreaktion oder in Körperzellen auch als »stille« Verbrennung ablaufen kann. Wir können sie so formulieren:

»Wasserstoff und Sauerstoff reagieren im Atomzahlverhältnis 2:1 zu Wasser.«

Das Atomzahlverhältnis drücken wir wieder durch das Aneinanderhängen der Symbole zu einer Summenformel aus – diesmal mit einem Zahlenzu-

satz, der *tiefgestellt* wird: H_2O. Die tiefgestellte Zahl in Summenformeln wird Index genannt (Mehrzahl Indizes) und bezieht sich immer auf das Atom, dessen Symbol *unmittelbar davor* steht. Sie wird nur angegeben, wenn sie größer als 1 ist. Jetzt *könnten* wir eigentlich schreiben

$2\,H + O \rightarrow H_2O$ – *aber das gibt Probleme!*

So findet man es zwar noch in einigen älteren Schulbüchern, und rein mathematisch ist es ja auch in Ordnung. Links und rechts stehen gleich viele Atome der Elemente Wasserstoff und Sauerstoff, nur eben anders »arrangiert«. Unglücklicherweise spielt aber die Natur nicht mit, wenn wir auf diese Weise die *reale* chemische Reaktion von Wasserstoff mit Sauerstoff beschreiben wollen. In Kapitel 3 habe ich beim Thema Sauerstoff bereits die beiden Modifikationen erwähnt, Normal-Sauerstoff und Ozon.

Der Unterschied: Im Normal-Sauerstoff sind zwei Atome *verknüpft*, im Ozon sogar drei. Im Element Sauerstoff kommen die Sauerstoff-Atome also gar nicht *einzeln* vor!

Zwei verknüpfte Sauerstoff-Atome müssen wir aber als O_2 schreiben. Es kommt noch dicker:

Auch Wasserstoff-Atome kommen (im Element Wasserstoff) in der Natur nur in diesem Doppelpack vor, also als H_2.

Da die Atome im Zahlenverhältnis 2:1 reagieren, müssen demnach *zwei Teilchen H_2 mit einem Teilchen O_2* reagieren. Damit hätten wir die linke Seite der Gleichung: $2\,H_2 + O_2$. *Insgesamt* sind das vier H-Atome und zwei O-Atome.

Beachte, dass sich in Reaktionsgleichungen die *vor*gestellte Zahl (der *Koeffizient*) auf das *ganze folgende Teilchen* bezieht:

$2\,H_2$ = zwei H_2-Teilchen

Dagegen bezieht sich in den Summenformeln die *tief*gestellte Zahl (der *Index*, Mehrzahl: die *Indizes*) auf das *unmittelbar davor stehende Atom:*

H_2 = zwei Atome H

Ein Wasserteilchen (wir nennen solche Atomverbände *Moleküle* und ich werde in Kapitel 5 auf diese Teilchenart zurückkommen) enthält aber tatsächlich nur zwei Atome Wasserstoff und ein Atom Sauerstoff, hat also die Summenformel H_2O. Wir dürfen nicht schreiben »H_4O_2«, nur damit die Gleichung »stimmt«! Ein solches Teilchen gibt es nicht! Also was tun? Probieren wir das gleiche Rezept wie auf der linken Seite der Gleichung, der Seite der Ausgangsstoffe. Dort haben wir, um das Zahlenverhältnis 2:1 zu erhalten, die *Zahl der H_2-Moleküle verdoppelt*. Das machen wir nun auch mit dem H_2O-Molekül:

$$2\,H_2 + O_2 \rightarrow 2\,H_2O$$

Das ist in der Tat die einzige Möglichkeit, die Reaktionsgleichung (mit den kleinstmöglichen Zahlen) zutreffend zu formulieren!

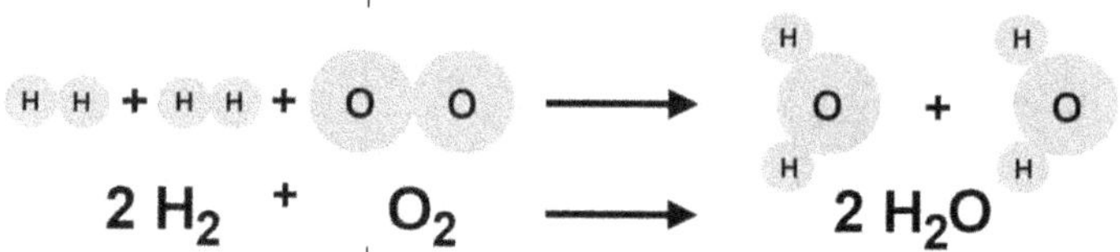

Abb. 4.10: Wasserstoff und Sauerstoff reagieren zu Wasser.

Für die weiteren Reaktionsgleichungen merke dir die Erscheinungsformen der kleinsten Teilchen:

> Wasserstoff (H_2), Stickstoff (N_2), Sauerstoff (O_2) und die Halogene (F_2, Cl_2, Br_2, I_2) kommen in der Natur in Form von Molekülen aus zwei Atomen vor.
>
> Die Metalle, Kohlenstoff (C) und Schwefel (S) reagieren in Form einzelner Atome.

Noch mehr Formeln und Gleichungen

Kohlenstoff und Sauerstoff können zu zwei verschiedenen Verbindungen reagieren. Du hast sie kennen gelernt: Kohlenstoffmonoxid und Kohlenstoffdioxid – letztere Verbindung ist dir schon mehrfach begegnet. Nach Abbildung 4.9 machen die Summenformeln keine Probleme mehr. Für Kohlenstoffmonoxid ergibt sich CO, für Kohlenstoffdioxid CO_2.

Inzwischen ist dir bekannt, dass Sauerstoff (in der Normalform) als zweiatomiges Molekül O_2 auftritt. Das kleinste CO-Teilchen ist ein Molekül aus einem C- und einem O-Atom. Die Verbindung CO enthält C und O im Verhältnis 1:1. Da Sauerstoff im Doppelpack auftritt, müssen jeweils *zwei* (einzelne) C-Atome mit den *zwei* (verbundenen) O-Atomen reagieren. Dann entsteht natürlich nicht nur *ein* CO-Molekül, sondern es entstehen deren *zwei*!

$$2C + O_2 \longrightarrow 2CO$$

Abb. 4.11: Kohlenstoff und Sauerstoff reagieren zu Kohlenstoffmonoxid.

Das kleinste CO_2-Teilchen ist ein Molekül aus einem C- und zwei O-Atomen. Wenn ein C-Atom mit einem O_2-Molekül reagiert, entsteht genau dieses CO_2-Molekül:

$$C + O_2 \longrightarrow CO_2$$

Abb. 4.12: Kohlenstoff und Sauerstoff reagieren zu Kohlenstoffdioxid.

Die Gleichung der Fotosynthese

Nach so viel Vorübung wagen wir uns jetzt an die Reaktionsgleichung der Fotosynthese. Aus Kohlenstoffdioxid und Wasser entstehen (unter Energiezufuhr durch das Sonnenlicht) die Verbindungen Zucker und Sauerstoff. Du kennst bereits die Summenformeln von Kohlenstoffdioxid (CO_2), Wasser (H_2O) und Sauerstoff (O_2). Dagegen ist das entstehende Zucker-Molekül geradezu riesig: Es setzt sich aus sechs C-Atomen, zwölf H-Atomen und sechs O-Atomen zusammen. Mit diesen Indizes lautet die Summenformel des Zucker-Moleküls also $C_6H_{12}O_6$.

Du erinnerst dich:

> Links und rechts vom Reaktionspfeil müssen für jedes Element gleich viele Atome stehen, da ja kein Atom spurlos verschwindet und auch keines vom Himmel fällt. Dabei steht jedes Symbol für ein Atom; die Symbole multipliziert mit den Koeffizienten und ihren Indizes ergeben die Atom-Anzahlen.

Das Problem kann man zwar auch mathematisch lösen, die meisten Chemiker versuchen es aber erst mal (erfolgreich) mit »probieren«.

Dazu betrachtet man *der Reihe nach* die einzelnen Atom-Arten und gleicht jeweils ihre Anzahl links und rechts aus. Wenn sich dadurch rückwirkend – bei bereits schon einmal ausgeglichenen Atom-Arten – neuer Ausgleich-Bedarf ergibt, nimmt man diese Korrektur vor und wiederholt die Schritte so lange, bis für jedes Symbol der Ausgleich hergestellt ist (mit kleinstmöglichen Zahlen). Hat man die Auswahl zwischen mehreren Lösungsmöglichkeiten, wählt man die einfachste.

Der Ausgleich der Atomzahlen in einer Reaktionsgleichung erfolgt immer nur über die *Koeffizienten* (niemals über die Indizes!). Durch Änderungen der *Koeffizienten* passen wir die Zahl der selbstständigen Atome oder der Moleküle, die an einer Reaktion beteiligt sind, an die *tatsächlichen* Verhältnisse an (z.B. *vier* H_2O-Moleküle statt *zwei* H_2O-Moleküle – *4* H_2O statt *2* H_2O).

Die Änderung der Indizes zum Zweck des Atom-Ausgleich ist unzulässig! Wir würden dadurch die *Art* der Stoffe verändern und Teilchen »erschaffen«, die in dieser Reaktion gar nicht entstehen (z.B. ist es unzulässig, H_2O zu H_4O zu verändern – ein H_4O-Molekül gibt es gar nicht!).

Ein ganz wichtiger Satz, der leider oft vergessen wird:

Die Reaktionsgleichung hat sich nach der Realität zu richten – und nicht die Realität nach der Reaktionsgleichung!

Schreiben wir in einem ersten Schritt die Reaktionsgleichung *ohne* Koeffizienten:

$$\dots\ CO_2 + \dots\ H_2O \rightarrow \dots\ C_6H_{12}O_6 + \dots\ O_2$$

1. Beginnen wir mit Kohlenstoff (C). Links steht erst *ein* Atom (enthalten im Molekül CO_2), rechts stehen aber *sechs* C-Atome (enthalten im Zucker-Molekül). Der Ausgleich erfolgt, indem wir statt *einem* CO_2-Molekül sechs solche Moleküle, also den *Koeffizienten sechs*, einsetzen:

   $$6\ CO_2 + \dots\ H_2O \rightarrow \dots\ C_6H_{12}O_6 + \dots\ O_2$$

2. Als Nächstes wenden wir uns dem O-Atom zu. Links stehen *13 O-Atome*:

   - In den CO_2-Molekülen: Koeffizient 6 mal Index 2 ergibt 12.
   - Im H_2O-Molekül: Koeffizient 1 mal Index 1 ergibt 1.

   Rechts stehen *acht O-Atome*:

   - Im Zucker-Molekül: Koeffizient 1 mal Index 6 ergibt 6.
   - Im O_2-Molekül: Koeffizient 1 mal Index 2 ergibt 2.

   Ein Ausgleich wäre nur möglich durch Änderungen auf *beiden* Seiten der Reaktionsgleichung. So etwas kann schon mal erforderlich sein – aber bevor man es tut, prüft man erst, ob es eine einfachere Möglichkeit gibt. Wir nehmen also zunächst keine Änderung bezüglich der O-Atome vor.

3. Prüfen wir die Verhältnisse beim H-Atom. Links stehen *zwei H-Atome* (im H_2O-Molekül), rechts stehen *12 H-Atome* (im Zucker-Molekül). Der Ausgleich erfolgt, indem wir auf der linken Seite statt *einem* H_2O-Molekül sechs solcher Moleküle, also den *Koeffizienten sechs*, einsetzen:

   $6\ CO_2 + 6\ H_2O \rightarrow \ldots\ C_6H_{12}O_6 + \ldots\ O_2$

4. Kehren wir jetzt zum O-Atom zurück. Links stehen *18 O-Atome*:

   - In den CO_2-Molekülen: Koeffizient 6 mal Index 2 ergibt 12.
   - In den H_2O-Molekülen: Koeffizient 6 mal Index 1 ergibt 6.

   Rechts stehen *acht O-Atome*:

   - Im Zucker-Molekül: Koeffizient 1 mal Index 6 ergibt 6.
   - Im O_2-Molekül: Koeffizient 1 mal Index 2 ergibt 2.

   Wie kann der Ausgleich erfolgen? Lieber nicht durch Vervielfachung des Zucker-Moleküls, weil sich dann auch die Verhältnisse bei C und H wieder ändern würden. Als ob wir nicht schon genug Probleme hätten! Aber die Zahl der selbstständigen O_2-Moleküle können wir ohne Rückwirkung auf andere Atom-Arten anpassen. Da zehn O-Atome fehlen, fügen wir einfach fünf O_2-Moleküle hinzu, ändern also den Koeffizienten von O_2 auf die Zahl 6.

$6\ CO_2 + 6\ H_2O \rightarrow C_6H_{12}O_6 + 6\ O_2$

Eine Überprüfung ergibt, dass alle Atomzahlen der Elemente ausgeglichen sind. Weitere Veränderungen sind also nicht mehr notwendig – es ist geschafft!

Im Aufgabenteil hast du Gelegenheit, deine Fähigkeiten an weiteren Reaktionsgleichungen zu erproben.

Die Jagd nach der Ausbeute

Hier ist Kreativität gefragt. Die Optimierung chemischer Reaktionen, insbesondere die kostengünstige Steigerung der »Ausbeute« bei der Herstellung chemischer Produkte, ist Teamarbeit von Chemikern und Ingenieuren. Aber was bedeutet das eigentlich? Ist es nicht so, dass eine Reaktion entweder vollständig oder gar nicht abläuft – *wenn* sie abläuft, dann eben so lange, bis keine Teilchen der Ausgangsstoffe mehr vorhanden sind? Das würde 100% Ausbeute bedeuten. Tatsächlich, das Wachs in einem Teelicht verbrennt an der Luft zu hundert Prozent. Du wirst das wahrscheinlich für eine pure Selbstverständlichkeit halten: Auch das Holz im Ofen verbrennt ja zu hundert Prozent.

Betrachten wir diese beiden Reaktionen genauer. In beiden Fällen steht der Reaktionspartner Sauerstoff in praktisch unbegrenzter Menge zur Verfügung. In beiden Fällen werden die gasförmigen Reaktionsprodukte ständig vom Ort der Reaktion entfernt. Und in beiden Fällen wird die freigesetzte Wärme beständig an die Umgebung abgeführt. Ganz offenbar sind diese Bedingungen sehr günstig für den vollständigen Ablauf chemischer Reaktionen – in der chemischen Industrie aber nicht so einfach zu erreichen wie in unseren Beispielen.

Was würde passieren, wenn wir an unserem Ofen die Luftzufuhr (also die Sauerstoffzufuhr) zu stark drosseln? Da Kohlenstoff ein Hauptbestandteil der im Holz enthaltenen Verbindungen ist, kennst du bereits eine wichtige Folge: Es würde sich statt CO_2 die Verbindung mit einem geringeren Sauerstoffanteil bilden – also das giftige CO! Neben den Kohlenstoffoxiden entstehen aber noch viele andere Stoffe bei der Verbrennung. Schließlich enthält Holz in seinen Verbindungen ja nicht nur C-Atome, sondern auch H- und O-Atome und viele weitere Atomarten. Sie alle reagieren munter untereinander, mit dem Luftsauerstoff und sogar mit den bereits entstandenen Reaktionsprodukten. Veränderungen der Reaktionsbedingungen (Verfügbarkeit der Reaktionspartner, Temperaturänderung) wirken sich auf all diese Reaktionen aus.

Bei chemisch-technischen Verfahren sind aber nur ganz bestimmte Produkte erwünscht. Diese Produkte sollen in einer »Hauptreaktion« gebildet werden, alle anderen möglichen Abläufe sind »Nebenreaktionen«, die zu unerwünschten Produkten führen.

So könnte es sein, dass die Hauptreaktion nicht die energetisch günstigste, bei Nebenreaktionen der Energieberg der Aktivierung geringer ist.

In solchen Fällen müssen Katalysatoren gefunden werden, die sich nur auf die Hauptreaktion auswirken. Es kann notwendig werden, bestimmte Reaktionsprodukte kontinuierlich aus dem Reaktionsgemisch zu entfernen, um Folgereaktionen zu verhindern.

Exotherm hin – endotherm zurück

Eine solche Folgereaktion kann interessanterweise auch die *Rückreaktion* zu den Ausgangsstoffen sein. Betrachten wir noch einmal eine exotherme Hinreaktion: Sie liefert Wärme.

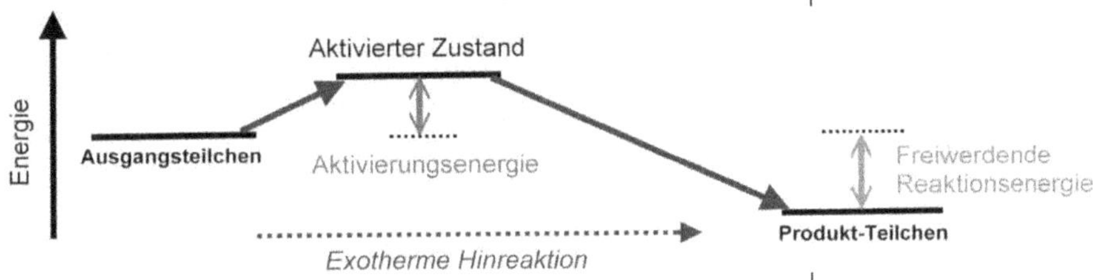

Abb. 4.13: Die exotherme Hinreaktion liefert Energie.

Die endotherme Rückreaktion kann diese Reaktionsenergie nutzen:

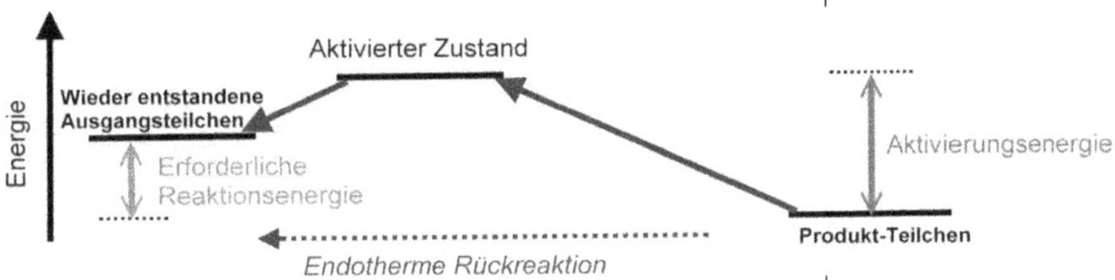

Abb. 4.14: Die endotherme Rückreaktion verbraucht Energie.

Dem Zwang ausweichen

Um diese – unerwünschte – Rückreaktion zu vermeiden, muss sowohl das Reaktionsprodukt als auch die freigesetzte Reaktionswärme (durch Kühlung) kontinuierlich *abgeführt* werden. Im umgekehrten Fall – erwünschte endotherme Hinreaktion, unerwünschte exotherme Rückreaktion – muss das Reaktionsprodukt natürlich ebenfalls fortlaufend entfernt, daneben aber kontinuierlich Reaktionswärme *zugeführt* werden.

Bereits 1885 formulierte der französische Chemiker Le Chatelier solche Gesetzmäßigkeiten, die man auch als »Prinzip des kleinsten Zwangs« bezeichnet. Zusammengefasst besagt es: Ein Reaktionssystem aus Hin- und Rückreaktion verhält sich so, dass *äußere Zwänge ausgeglichen* werden. Äußere Zwänge sind Temperatur- und Druckänderungen sowie Änderungen der Stoffzusammensetzung.

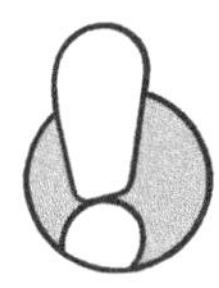

Es wird Wärme zugeführt, also die Temperatur erhöht? Folge: Die endotherme Teilreaktion wird gewichtiger und verbraucht diese Wärme wieder. Die Temperatur wird erniedrigt, also Wärme abgeführt? Folge: Die exotherme Teilreaktion wird angekurbelt und liefert diese Wärme wieder nach! Es werden ständig Ausgangsstoffe nachgeliefert? Folge: Die Hinreaktion bemüht sich, diese Stoffe verstärkt zu verbrauchen! Es wird ständig das Produkt entfernt? Kein Problem – auch hier bemüht sich die Hinreaktion, diese Stoffe verstärkt nachzuliefern! Und wenn bei einer chemischen Reaktion die Ausgangsstoffe und Produkte unterschiedliches Volumen haben (das ist besonders dann oft der Fall, wenn an einer Reaktion gasförmige Stoffe beteiligt sind): Was passiert, wenn der Druck erhöht wird? Dann wird verstärkt der Stoff mit dem geringeren Volumen gebildet! Was passiert, wenn der Druck erniedrigt wird? Dann bildet sich eben verstärkt der Stoff mit dem größeren Raumbedarf!

Die Ammoniaksynthese: Theorie und Praxis

Im Abschnitt *Die hilfreichen Geister: Katalysatoren* war bereits von der Ammoniaksynthese und ihren Reaktionsbedingungen die Rede.

Aus Stickstoff und Wasserstoff entsteht das Gas NH_3 in einer exothermen Reaktion und unter beachtlicher Volumenverminderung: Aus 100 Liter Stickstoff-/Wasserstoff-Gasgemisch entstehen – bei vollständiger Umsetzung! – nur 50 Liter Ammoniak-Gas. Die (unerwünschte) Rückreaktion verläuft also endotherm und unter Volumenzunahme.

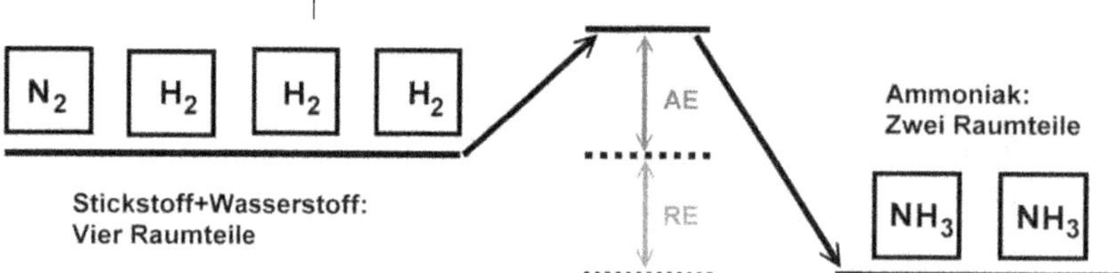

Abb. 4.15: Reaktionsschema der Ammoniak-Synthese. AE = Aktivierungsenergie, RE = Reaktionsenergie

Rein theoretisch ist damit alles klar: Die Reaktion sollte bei niedriger Temperatur (Begünstigung der exothermen Hinreaktion!), hohem Druck (Begünstigung der Volumen vermindernden Hinreaktion!), ständiger Zufuhr von frischem Stickstoff-/Wasserstoff-Gemisch und ständiger Entfernung des gebildeten Ammoniaks durchgeführt werden. Praktisch zeigt sich aber schnell, dass die Reaktion bei niedrigen Temperaturen überhaupt nicht abläuft – noch nicht einmal mit Unterstützung von Katalysa-

toren! Zu hoch ist der Berg der Aktivierungsenergie. Die Aktivierungsenergie wird auch durch Druckerhöhung nicht kleiner. Man kommt also nicht um eine Kombination von erhöhter Temperatur und erhöhtem Druck herum, auch wenn das Erstere »eigentlich« ungünstig ist. Bei 400 °C schließlich lässt sich der Effekt studieren: Bei normalem Luftdruck bestehen erst 0,4 Prozent des Gasgemisches aus Ammoniak, beim tausendfachen Luftdruck aber bereits 80 Prozent. Eine Messung beim 200fachen Luftdruck zeigt dann auch den vorhergesagten Einfluss zunehmender Temperatur: bilden sich bei 300 °C noch 63 Prozent Ammoniak, sind es bei 600 °C nur noch acht Prozent.

Praktisch heißt das alles:

Durchführung der Ammoniak-Synthese bei ausreichender, aber möglichst niedriger Temperatur und bei so hohen Drücken, wie sie technisch realisierbar sind. Selbstverständlich werden Katalysatoren eingesetzt (ohne sie müsste die Temperatur so hoch sein, dass gar nichts ginge!), und selbstverständlich werden Ausgangsstoffe kontinuierlich zugeführt, Ammoniak kontinuierlich abgeführt. Die technische Durchführung erfolgt heute bei 500 °C, 250fachem Luftdruck und mit Eisen-Aluminium-Katalysatoren.

Zusammenfassung

In diesem Kapitel hast du gelernt

- dass chemische Reaktionen am Stoffumsatz und am Energieumsatz erkannt werden
- dass Teilchen durch Zusammenstöße energiereiche »aktivierte Zustände« bilden, aus denen dann stabile neue Atomverbände entstehen können
- dass ohne Zufuhr von Aktivierungsenergie chemische Reaktionen nicht beginnen können und dass Katalysatoren die Aktivierungsenergie senken
- dass Reaktionsfähigkeit der Ausgangsstoffe, hoher Zerteilungsgrad und gute Durchmischung den Ablauf chemischer Reaktionen begünstigen
- dass der Ablauf exothermer und endothermer Reaktionen aus Energiediagrammen verständlich wird

- was man unter Reaktionsenthalpie versteht und dass sie mit dem Zeichen ΔH angegeben wird
- dass nach der RGT-Regel die Reaktionsgeschwindigkeit bei einer Temperaturerhöhung um 10 °C verdoppelt wird
- welche Aussagen die Gesetze der konstanten und multiplen Proportionen machen
- wie Reaktionsgleichungen durch Ausgleichen der Atom-Zahlen aufgestellt werden
- dass bei der Optimierung chemisch-technischer Verfahren das »Prinzip des kleinsten Zwangs« angewendet wird
- wie bei der Ammoniak-Synthese die optimalen Reaktionsbedingungen ermittelt werden